Melle Ekane Maurice

Ecologia da Vida Selvagem

Melle Ekane Maurice

Ecologia da Vida Selvagem

ScienciaScripts

Imprint
Any brand names and product names mentioned in this book are subject to trademark, brand or patent protection and are trademarks or registered trademarks of their respective holders. The use of brand names, product names, common names, trade names, product descriptions etc. even without a particular marking in this work is in no way to be construed to mean that such names may be regarded as unrestricted in respect of trademark and brand protection legislation and could thus be used by anyone.

Cover image: www.ingimage.com

This book is a translation from the original published under ISBN 978-3-659-81901-8.

Publisher:
Sciencia Scripts
is a trademark of
Dodo Books Indian Ocean Ltd. and OmniScriptum S.R.L publishing group

120 High Road, East Finchley, London, N2 9ED, United Kingdom
Str. Armeneasca 28/1, office 1, Chisinau MD-2012, Republic of Moldova, Europe
Printed at: see last page
ISBN: 978-620-7-75152-5

Conteúdo

CAPÍTULO 1

Orçamento das actividades dos macacos *Mandrillus leucophaeus* (Cuvier) em cativeiro no Centro de Vida Selvagem de Limbe, Região Sudoeste, Camarões

Melle Ekane Maurice*[1] , Nkwatoh Athanasius Fuashi[1] , Tim Killian Lengha[2] , Viku Bruno Agiamte-Mbom[3]

[1]Departamento de Ciências Ambientais, Universidade de Buea, Camarões

melleekane@gmail. com

RESUMO

Os macacos-prego (Mandrillus leucophaeus) são conhecidos por serem a espécie de primatas mais ameaçada de extinção em África. Pensa-se que a caça e a perda de habitat são as principais causas do declínio da espécie nos Camarões. É por esta razão que o estudo explorou o comportamento das brocas em cativeiro no Limbe Wildlife Centre (LWC), em conformidade com o plano de reintrodução. A recolha de dados teve início em 15 de maio de[th] 2016 e terminou em 15 de agosto de[th] 2016. As amostras de varredura e focais foram recolhidas em estratégia mista, a amostragem contínua começou a partir das 6:00 da manhã e terminou às 18:30, onde foram registadas as seguintes categorias comportamentais: alimentação, forrageamento, movimento, descanso, socialização, grooming, brincadeira, agressão e vocalização. Simultaneamente, foram registados dados sobre as alterações meteorológicas. A análise dos dados foi efectuada através de estatística descritiva e inferencial. O orçamento de tempo foi registado da seguinte forma: 52,54% de repouso, 23,70% de forrageamento, 10,0% de alimentação, 9,30% de movimentação, 2,02% de grooming, 2,0% de brincadeira, 0,40% de agressão e 0,20% de vocalização. Existe uma diferença significativa entre os comportamentos e as classes de idade/sexo, (P<0,05). Os machos adultos passaram mais tempo a descansar do que qualquer outra classe de idade/sexo (X^2 =277.4, df=1, P<0.05). As fêmeas adultas passaram a maior parte do tempo a procurar alimento do que qualquer outra categoria (X^2 =93.4, df=1, P<0.05). Os adultos do sexo feminino também dominaram o grooming do que qualquer classe de idade/sexo (X^2 =118.5,df=1,P<0.05). Os adultos do sexo masculino executaram mais comportamentos agressivos do que qualquer outra categoria (X^2 =28,7, df=1, P<0,05), Existe uma diferença significativa para o repouso entre machos adultos e juvenis (X^2 =273,2 df=1 P<0,05), existe uma diferença significativa para o repouso entre fêmeas adultas e juvenis, (X^2 =27,58 df=1 P<0,05). Além disso, existe uma diferença significativa para o repouso entre fêmeas e machos 2 adultos (X^2 =261,469 df=1 P<0,05). O inquérito revelou uma interação harmoniosa entre os machos adultos, as fêmeas adultas, os machos subadultos e as fêmeas subadultas e os juvenis.

Palavras-chave: Macacos-pregos, Caça, perda de habitat, reintrodução, Vida selvagem, Comportamento

INTRODUÇÃO

Os primatas estão entre os mamíferos mais ameaçados (IUCN, 1996), e muitas espécies ameaçadas no seu habitat natural têm sido alvo de projectos de translocação e reintrodução para aumentar as suas hipóteses de recuperação (Horwich *et al.*, 1993). Os macacos-prego *(Mandrillus leuciphaeus)* são um dos macacos raros em África e no mundo em geral. Os macacos-prego e o seu congénere Mandril *(Mandrillus sphinx)* são as duas únicas espécies pertencentes ao género Mandrillus que se encontram apenas em três países africanos: o sudoeste dos Camarões, o sudeste da Nigéria e a ilha de Bioko, na Guiné Equatorial. Encontram-se entre as espécies de primatas mais ameaçadas de África, sendo as mais prioritárias em termos de conservação, de acordo com a lista da União Internacional para a Conservação da Natureza (Oates e Butynski., 2008). São macacos de cauda curta que vivem no solo da floresta e são sexualmente dimórficos, tanto em tamanho como em cor.

A população de brocas na natureza está atualmente em vias de extinção e a população estimada é de cerca de 2.500-3.000 no Parque Nacional de Korup (KNP). O declínio da população de brocas continua a ser uma ameaça fundamental para a sua sobrevivência; estas ameaças são obviamente a caça, a fragmentação florestal e o abate ilegal de árvores (Gadsby, 1990). A presença de brocas em cativeiro é o meio possível de trazer de volta ou restaurar a população de brocas na natureza. Os programas de aumento da população e de reintrodução dependem da capacidade dos jardins zoológicos para reproduzir espécies em boas condições de repertórios reprodutivos e comportamentais (Carlstead, 1996). Em consonância com os esforços de conservação, os jardins zoológicos estão atualmente empenhados em programas de reprodução para reintrodução.

A sobrevivência dos furões nos Camarões e na Nigéria não depende apenas da reprodução em cativeiro, mas pode ser conseguida se os vizinhos dos ecossistemas de furões forem também os principais defensores da proteção desta espécie e se o governo do país anfitrião se empenhar em aplicar as leis existentes. Embora outras espécies de primatas tenham sido altamente protegidas e o seu número na natureza seja um pouco mais elevado, o declínio da população de brocas é um problema, e as soluções para o aumentar têm estado a ser desenvolvidas através da Fundação Pandrillus na Nigéria e nos Camarões. Muitas ameaças levaram à diminuição desta espécie na natureza, sendo a caça ilegal com cães e a fragmentação do habitat a principal ameaça à sobrevivência dos primatas (Oates e Butynski, 2008). O orçamento da atividade de perfuração, o tempo que estes indivíduos dedicam a várias actividades, como o repouso, a procura de alimentos, a alimentação, a socialização e a deslocação, são parâmetros fundamentais para a qualidade do recinto e o estado de vida do grupo. Os programas de reintrodução são frequentemente utilizados como um instrumento potencial para o restauro ecológico e a recuperação de espécies ameaçadas (Macdonald *et al.*, 2002). A IUCN definiu a reintrodução como uma tentativa de restabelecer uma espécie numa área que já fez parte da sua área de distribuição histórica, mas da qual foi extirpada ou se extinguiu (IUCN, 1998). Os ensaios em cativeiro mostraram que a reintrodução foi bem sucedida num local escolhido na Nigéria (Ijeomah e Choko, 2014).

De acordo com algumas estimativas, a cobertura florestal nos Camarões diminuiu 30% entre 1965 e 1995 (Gbetnkom, 2005). A perda de habitat fora das zonas protegidas deve-se ao facto de a floresta ter sido desarborizada para a agricultura e a fixação de pessoas ou degradada pela exploração madeireira e mineira. Embora as taxas de desflorestação possam variar de um período para outro, em 1998 cerca de 23.950 km^2 de floresta dentro da área histórica de distribuição dos macacos-prego nos Camarões estavam classificados como concessão de exploração madeireira ou reserva florestal. As principais ameaças à sobrevivência do macaco-barrigudo são a caça e a fragmentação dos habitats, tal como acontece com a maioria dos primatas da África Central (IUCN, 2008). Estas ameaças são particularmente graves para os macacos-pregos devido à sua distribuição limitada, mas à elevada densidade populacional humana na sua área de distribuição. No total, estima-se que 12% do habitat remanescente dos macacos-prego está incorporado em áreas estritamente protegidas.

Embora existam relatos de mandris a atravessar pequenas estradas de exploração florestal em Lope, Gabão (Roger *et al.*, 1996), pensa-se que ambas as espécies de mandris são avessas a áreas abertas. É improvável que as brocas atravessem estradas de grandes dimensões onde a vegetação de copa e de bordadura foi removida. A natureza diurna das brocas também significa que essa travessia teria de ocorrer durante os períodos de maior utilização humana. A população de brocas é mais afetada pela redução do habitat das áreas protegidas de Douala-Edea, Monte Kupe, Monte Cameroon e Ilha de Bioko. A expansão da rede de estradas públicas e de exploração madeireira fragmenta ainda mais o habitat das brocas, limitando o contacto reprodutivo entre subpopulações e aumentando a presença humana numa área outrora remota (Oates e Butynski, 2008). Além disso, as brocas são vulneráveis à caça com recurso a cães (Wild *et al.*, 2005). As técnicas de caça comuns, como a caça nocturna e a armadilhagem, são especialmente destrutivas para certas espécies de animais selvagens, mas provavelmente têm pouco impacto nos macacos-prego.

A prioridade das organizações de gestão de jardins zoológicos é alojar os animais em condições perfeitas e consideráveis, de modo a reduzir o stress e os comportamentos estereotipados. Nos parques zoológicos modernos, os comportamentos sociais da fauna selvagem continuam a ser factores influentes para a conservação. A capacidade de estes animais viverem em boas condições pode interferir grandemente no seu orçamento de tempo para diferentes actividades. O ambiente em que as espécies são alojadas provou ser um fator de stress que provoca comportamentos anormais em muitos animais e primatas não humanos (Poole, 2008).

A conservação da vida selvagem nos Camarões e noutros países da África Subsariana enfrenta enormes desafios, principalmente devido à fragmentação da floresta tropical e à caça furtiva para obtenção de carne de animais selvagens. Por esta razão, muitas espécies de vida selvagem estão altamente ameaçadas e encontram-se à beira da extirpação regional. Sabe-se que os macacos-prego são endémicos na zona florestal dos Camarões e na vizinha Nigéria, mas a sua população está a diminuir a um ritmo alarmante, criando uma atração para a investigação em matéria de conservação. O principal objetivo deste estudo é avaliar o orçamento de actividades dos macacos-prego em cativeiro preservados pelas autoridades de gestão do jardim zoológico para futura reintrodução. Qualquer estudo comportamental num jardim zoológico irá sempre melhorar ou contribuir para uma melhor gestão dos animais em questão, tendo em conta as características variáveis dos indivíduos de uma população. Os esforços de conservação e os objectivos dos programas de reintrodução só são alcançados quando as espécies libertadas provam que prosperam no local de libertação, com monitorização contínua antes e depois da reintrodução.

MATERIAIS E MÉTODO

Descrição da área de estudo

O Limbe Wildlife Center (LWC) situa-se no centro da cidade de Limbe, na região sudoeste dos Camarões. Situa-se à latitude $4.1^0\,27.12^0$ N e à longitude $9.12^0\,53.64^0$ E. Foi criado em 1993 pelos esforços do Governo dos Camarões e da Fundação Pandrilus. O centro é delimitado por estradas dentro da cidade, a um passo da Câmara Municipal de Limbe. Todas as espécies do centro foram doadas ou confiscadas pelo Governo dos Camarões através do Ministério das Florestas e da Vida Selvagem (MINFOF) e da Fundação Pandriillus. O centro ajuda a salvar estas espécies e, posteriormente, a reintroduzi-las no ambiente natural numa área protegida. O centro alberga 15 espécies de primatas em recintos separados. O centro tem um total de 21 jaulas; duas jaulas albergam os gorilas das planícies ocidentais *(Gorilla gorilla deihli)*. A secção dos papionídeos contém três pequenas jaulas para as brocas, duas para o babuíno das oliveiras *(Papio anubis)* e duas para os mandris. Todas as jaulas dos primatas têm um recinto com vedação eléctrica onde passam o dia. Há também jaulas separadas para os guenons *(Cercopithecus spp);* mangabeys *(Cercocebus torquatus)* e outros pequenos recintos contêm os duikers *(Cephalophus spp)*. A secção de quarentena contém até sete pequenas jaulas que albergam diferentes espécies de animais selvagens.

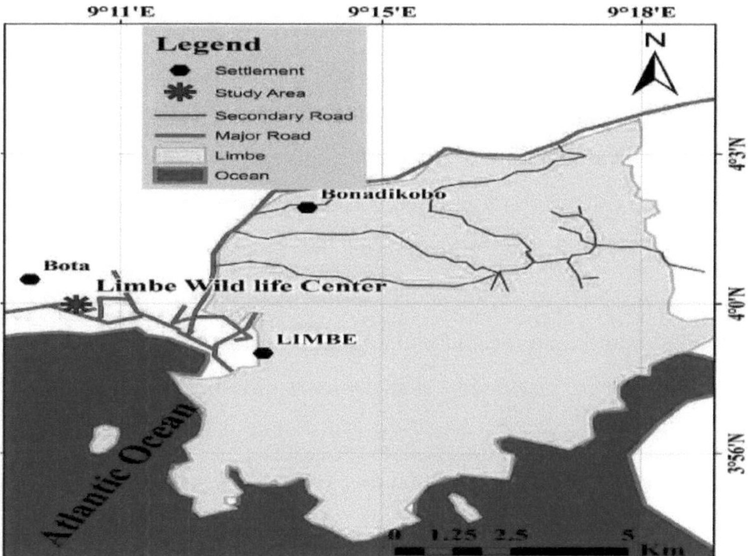

Fig 1: Mapa da cidade de Limbe

Recolha de dados

A recolha de dados comportamentais teve início a 15th de maio e terminou a 15th de agosto de 2016. Foram efectuados seis dias de recolha de dados por mês e foram recolhidos dados de 4 meses. O recinto foi dividido em sete áreas de observação, denominadas zonas, cada uma com o seu ponto distintivo para uma identificação clara. A divisão do recinto baseou-se no facto de estas áreas poderem ser claramente visualizadas com ou sem um binóculo em diferentes posições relativas à volta do recinto. As observações comportamentais começaram de manhã entre as 6:00 e as 6:30 e terminaram às 12:30 todos os dias, enquanto noutros dias as observações começaram entre as 12:00 e as 12:30 e terminaram às 6:30 da tarde. Os dados foram recolhidos através de amostragem instantânea em intervalos pré-determinados. Martin e Bateson (2007) definem "amostragem instantânea" como "um grupo inteiro de sujeitos é rapidamente examinado, ou "recenseado", a intervalos regulares e o comportamento de cada indivíduo nesse instante é registado". Os dados comportamentais podem ser recolhidos de várias formas (Altmann, 1974). Ao categorizar estes métodos, Martin e Bateson (1986) distinguem entre regras de amostragem (cujo comportamento é observado e quando) e regras de registo (como o comportamento é registado). Para este

7

estudo, foram utilizados simultaneamente dois métodos de registo porque era importante conhecer ambos: Em primeiro lugar, como é que os animais passavam o seu tempo (orçamentos de actividades); e, como é que os comportamentos sociais eram padronizados, ou seja, quem faz o quê a quem e com que frequência. Por isso, os dados da amostragem para este estudo foram recolhidos de 10 em 10 minutos (Altmann,^/ *al.* 1993). Entre os 10 minutos de amostragem, foi efectuada uma amostragem focal durante 5 minutos. Todas as observações de varrimento foram efectuadas da direita para a esquerda durante todo o estudo. O animal focal foi selecionado aleatoriamente para o dia, com base na classe de idade. Os comportamentos de perfuração foram registados durante o scan e o focal. Foram registados os seguintes comportamentos: alimentação, forrageamento, locomoção, comportamentos sociais e repouso.

Quadro 1: Categorias comportamentais e definições utilizadas no estudo

Tipo de atividade	Comportamento	Descrição
Alimentação	Beber ou comer	Processo de beber água ou comer alimentos
Forrageamento	Procurar, cavar, arranhar, caçar, cheirar, virar	Processo de procura de alimentos, insectos por qualquer meio
Locomoção	Correr, trepar, andar, saltar	Qualquer processo locomotor sem uma razão definida
Descanso	Sentar-se, ficar de pé, fazer a higiene pessoal e brincar sozinho	O estado de estar inativo
Social (cuidados, brincadeiras, agressão...)	Apresentação, perseguir, cuidar, fugir, cheirar a boca ou a vulva, brincar, volcalizar.	Quaisquer interacções positivas e sexuais
Vocalização	Alarme, grunhido, canção	O ato de produzir som para os predadores ou para a agressão

Análise de dados

As folhas de dados foram transcritas para folhas de cálculo do Microsoft Excel para cada tipo de dados (scan e todas as ocorrências) do grupo. Os dados de frequência gerados foram analisados através da utilização de uma ferramenta de distribuição estatística exploratória para cada comportamento observado no estudo. O qui-quadrado de Pearson também foi utilizado para comparar os diferentes orçamentos de atividade para o comportamento de cada classe de idade e sexo no grupo de perfuração.

RESULTADOS

Orçamento de actividades dos Drill Monkeys

O orçamento do tempo de perfuração envolve um espetro de muitos comportamentos: repouso, procura de alimentos, movimento, alimentação e comportamentos sociais. Foi efectuado um total de 288 horas de observação e foram registadas 7534 actividades individuais no grupo de 95 macacos perfuradores. A Fig.2 mostra o orçamento de actividades para o grupo de macacos-prego. O repouso foi o comportamento mais frequente 52,54%, seguido de forrageamento 23,70%, alimentação 10,0%, movimento 9,30%, grooming 3,70%, brincadeira 1,54%, social 0,40%, agressão 0,41% e vocalização (Fig.2).

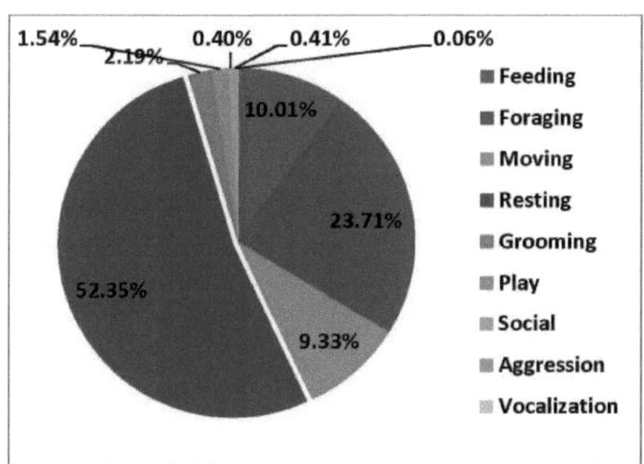

Figura 2: Orçamento de actividades do *Mandrillus leucophaeus*

Quadro 2: Orçamento de actividades para cada classe de idade e sexo

Atividade / Classe de idade-sexo	Alimentação	Forrageamento	Mudança	Descanso	Tosquia	Jogar	Social	Agressão	Vocalização	Total
Mulher adulta	303	931	341	1443	138	11	9	6	1	3183

orçamento de actividades %	9.52	29.25	10.71	45.33	4.34	0.35	0.28	0.19	0.03	100
Adulto masculino	185	260	131	1342	6	3	8	21	2	1958
orçamento de actividades %	9.45	13.28	6.69	68.54	0.31	0.15	0.41	1.07	0.10	100.00
Juvenil	110	265	97	312	11	84	2	-	1	882
orçamento de actividades %	12.47	30.05	11.00	35.37	1.25	9.52	0.23	-	0.11	100
Homem maduro	117	152	84	656	3	5	6	4	0	1027
orçamento de actividades %	11.39	14.80	8.18	63.88	0.29	0.49	0.58	0.39	-	100
Sub-adultos	39	179	50	193	7	13	5	-	-	486
orçamento de actividades %	8.02	36.83	10.29	39.71	1.44	2.67	1.03	-	-	100.00
TOTAL	754	1787	703	3946	165	116	30	31	4	7536
orçamento de actividades	10.01	23.71	9.33	52.36	2.19	1.54	0.40	0.4	0.05	100
TOTAL %	100.	100	100	100	100	100	100	100	100.	100

A Tabela 2 apresenta o orçamento de atividade por classe etária e sexo para todas as categorias comportamentais. As fêmeas adultas fizeram mais grooming e forrageamento do que qualquer outra classe etária (N=138 e N=931), respetivamente. Os machos adultos descansaram mais do que qualquer outra categoria (N=1342) e os juvenis brincaram mais do que qualquer outra categoria (N=84).

Quadro 3: A relação entre a classe etária e o sexo e o comportamento

Activity	Age –Sex Classes			
	FA-MA	FA-JU	MA-JU	FA-SA
Foraging	X^2= 173 df=1 P=0.000	X2=0.21 df=1 P=0.000	X^2=113.4 df =1 P=0.000	X^2=84.8 df=1 P=0.000
Feeding	X^2=0.007 df=1 P=0.93	X^2=6.59 df=P=0.001	X^2=5.9 df=1 P=0.015	X^2=3.0 df=1 P=0.08
Resting	X^2=262.9 df=1 P=0.000	X^2=27.9 df=1 P=0.000	X^2=275 df =1 p=0.000	X^2=106.7 df=1 P=0.000
Moving	X^2=23.5 df=1 P=0.000	X^2=0.058 df=1 P=0.001	X^2=15.3 df=1 P=0.000	X^2=5.4 df=1 P=0.019
Grooming	X^2=72.2 df=1 P=0.000	X^2=18.65 df=1 P=0.000	X^2=9.04 df=1 P=0.003	X^2=39.2 df=1 P=0.000
Playing	X^2=1.09 df=1 P=0.000	X^2= 254.8 df=1 P=0.000	X^2=179.8 df=1 P=0.000	X^2=0.40 df=1 P=0,5
Social	X^2=0.58 df=1 P>0.445	X^2=0.08 df=1 P=0.77	X^2=9.5 df=1 P=0.002	X^2=0.3 df=1 P=0.159
Aggression	X^2=18.13 df=1 P<0.000	X^2=1.66 df=1 P=0.197	X^2=0.573 df=1 P=0.444	X^2=1.32 df=1 P=0.250
vocalisation	X^2=1.04 df=1 P=0.308	X^2=0.943 df=1 P=0.331	X^2=0.007 df=1 P=0.931	X2=0.30 df=1 P=0.57

FA Adulto feminino, MA=Adulto masculino, J=Juvenil, SA= subadulto

Na tabela 3 existe uma diferença significativa para o repouso entre adultos machos e juvenis (X^2 =273.2 df=1 P<0.05), também existe uma diferença significativa para o repouso entre fêmeas adultas e juvenis, (X^2 =27.58 df=1 P<0.05). Para além disso, existe uma diferença significativa entre o repouso das fêmeas adultas e dos machos adultos, (X^2 =261,469 df=1 P<0,05). Existe uma diferença significativa entre os comportamentos executados e as diferentes classes de idade-sexo (X^2 =262,9 df=1 P<0,05). Os adultos do sexo masculino passaram mais tempo em repouso do que as outras categorias (X^2 =277.5 df=1 P<0.05). As fêmeas adultas passaram mais tempo a procurar alimento do que os machos adultos (X^2 =173,7 df=1 P<0,05) e não há diferença significativa entre fêmeas adultas e machos adultos no que respeita à alimentação (X^2 =0,007 df=1 P=0,9). As fêmeas adultas passam mais tempo a cuidar de si do que as outras categorias (X^2 =72,3 df=1 P<0,05), os juvenis passam mais tempo a brincar do que as outras categorias (X^2 =420,2 df=1 P<0,05). Os adultos do sexo masculino despendem mais tempo em comportamentos agressivos do que qualquer outra classe etária-sexual (X^2 =28 df=1 P<0,05). Para além disso, não existe diferença significativa entre as fêmeas adultas e subadultas em comportamentos como a socialização, o movimento, a agressão e a vocalização. Os subadultos passam mais tempo a brincar do que as fêmeas adultas. Existe uma diferença significativa entre os comportamentos dos machos adultos e de todas as classes etárias (X^2 =30,1 df=1 P<0,05). Existe uma diferença significativa na alimentação dos juvenis e das fêmeas adultas (X^2 =6,427 df=1 P=0,011), o que implica que os machos adultos se alimentam mais frequentemente do que os juvenis.

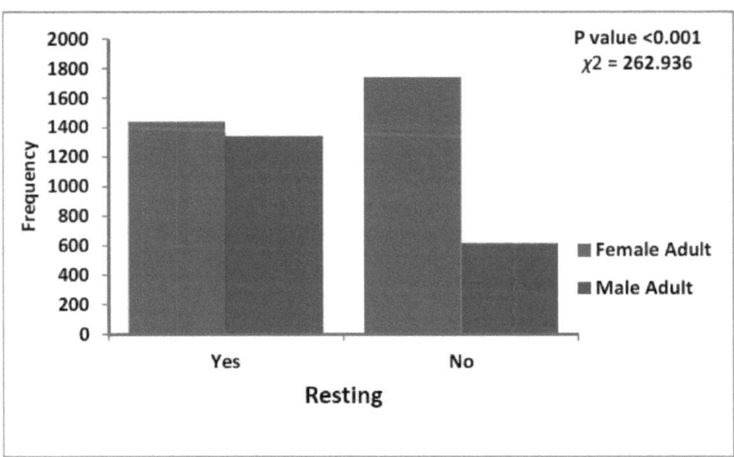

Figura 3: Homem e mulher adultos em repouso

Na tabela 3, os adultos do sexo masculino passam um tempo significativo a descansar. "Os adultos do sexo masculino registaram contagens de "Sim" (N=1342) e de "Não" (N=616). Os adultos do sexo feminino registaram contagens de "Sim" (N=1443) e de "Não" (N=1740). A partir destes valores, é evidente que os adultos do sexo masculino passam mais tempo a descansar do que os adultos do sexo feminino.

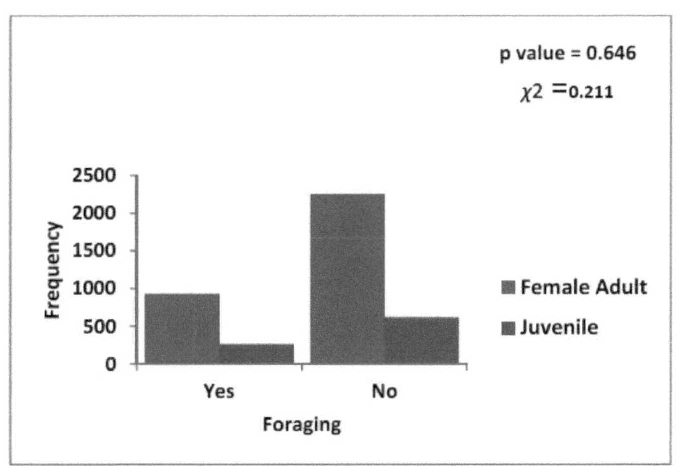

Figura 4: Fêmeas adultas e juvenis em busca de alimento

Na figura 4 acima, "Sim" representa as contagens dos gráficos de barras para a procura de alimentos e "Não" mostra as contagens dos gráficos de barras para a não procura de alimentos. As fêmeas adultas obtiveram (N=931) para a procura de alimento e (N=2252) para a não procura de alimento. Os juvenis obtiveram (N=265) para a procura de alimento e (N=617) para a não procura de alimento.

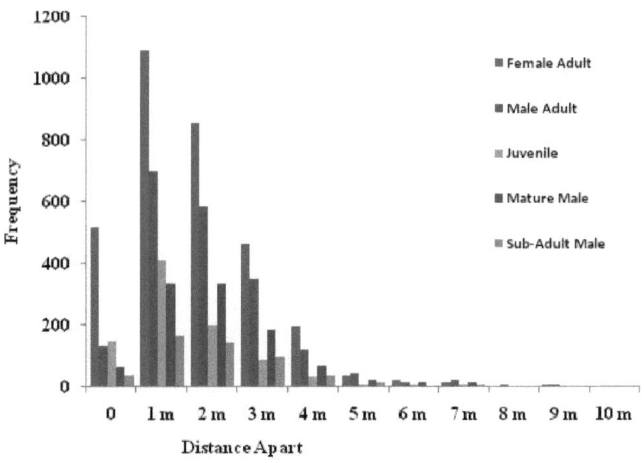

Figura 5: A distância média entre a categoria Idade-Sexo

Na Figura 5, as fêmeas adultas estavam mais próximas dos juvenis e dos machos adultos; passaram a maior parte do tempo a 0-1 m de distância (53%). Os adultos do sexo masculino e os juvenis encontravam-se maioritariamente a 2-3 m um do outro

(48,7%).

DISCUSSÃO

Os estudos de ecologia comportamental podem dar contributos significativos para a conservação através de perspectivas evolutivas e ecológicas sobre a forma como os animais se adaptam ao seu ambiente (Krebs e Davies 1993). Os jardins zoológicos oferecem vantagens aos investigadores ao permitirem estudos longitudinais do comportamento e da reprodução, bem como oportunidades de recolha de dados sobre todos os aspectos da história de vida (Hardy 1996). A preservação da diversidade comportamental e de desenvolvimento dos animais mantidos em cativeiro permite que os jardins zoológicos atinjam todo o seu potencial em termos de conservação. Os esforços de reprodução em cativeiro e os programas de reintrodução dependem do facto de os animais em cativeiro apresentarem repertórios reprodutivos e comportamentais normais. Para prosperar em cativeiro, uma espécie deve adaptar os seus comportamentos às condições ambientais alteradas (Carlstead 1996). Os jardins zoológicos são normalmente subestimados como recursos de investigação, embora a quantidade de investigação efectuada em jardins zoológicos tenha aumentado nos últimos vinte anos (Stoinski *et al.*1998). Os jardins zoológicos desempenham um papel fundamental na conservação das espécies, especificamente dos primatas, e tornaram-se pontos focais de investigação para cientistas académicos e zoólogos. Os investigadores podem estudar os animais de perto em instalações zoológicas, bem como controlar as variáveis ambientais e sociais (Hosey 1997 e Stoinski *et al.*1998). As melhorias no maneio dos animais, incluindo a sua reprodução, manuseamento, transporte e tratamento, são normalmente desenvolvidas em jardins zoológicos antes de serem aplicadas em habitats naturais. Muita da informação adquirida através da investigação em jardins zoológicos é de grande relevância para a conservação em geral e para a conservação de espécies e habitats em particular. Compreender o comportamento de uma espécie em estado selvagem é importante para a manutenção dos comportamentos naturais e das características da história de vida das espécies mantidas em cativeiro. Uma vantagem importante que os primatas têm na competição pela sobrevivência é o facto de viverem em sociedades com uma associação estreita e constante de jovens e idosos ao longo da vida. Os jovens aprendem técnicas de sobrevivência com adultos experientes e conhecedores. O resultado é que, quando os primatas crescem, são geralmente competentes em lidar uns com os outros e com o ambiente. Embora as capacidades instintivas de sobrevivência dos primatas sejam mínimas, as suas capacidades sociais são invulgarmente eficazes. Actuando em grupo, conseguem frequentemente evitar ou intimidar os predadores. Os grupos de primatas têm também mais possibilidades de descobrir e controlar as fontes de alimentação.

Em cativeiro, os macacos-perfuradores passam 23,5% do seu tempo a cavar o solo, a arranhar a parede da vedação, a virar pedras, a apanhar insectos e artrópodes. O ambiente em que as brocas são habituadas pode afetar grandemente o seu orçamento de atividade; a alimentação é fornecida apenas duas vezes por dia, sendo também adicionadas proteínas como suplemento à sua dieta. Num estudo relacionado com a broca numa área semi-livre, a broca passou 50% do seu tempo a procurar alimento (Terdal, 1996). As fêmeas adultas forragearam mais do que os machos adultos, o que está de acordo com Feistner (1988). Os adultos do sexo masculino estiveram ativamente envolvidos em actividades agressivas mais do que qualquer outra classe etária. O grupo Drill foi frequentemente mascarado com comportamentos agressivos entre os machos adultos, acreditando-se que a dominância na hierarquia é a principal causa destas interacções agressivas. Os adultos do sexo masculino raramente foram encontrados a realizar comportamentos de afiliação, como cuidar de animais e brincar, enquanto as fêmeas adultas passavam mais tempo a cuidar de animais do que qualquer outra classe etária. Por vezes, as outras fêmeas adultas utilizaram o "grooming" da mãe lactante como estratégia para ter acesso aos seus bebés recém-nascidos, como explica Feistner (1988). Os juvenis passaram a maior parte do tempo a brincar do que qualquer outra classe etária. Dedicam pouco tempo a outras actividades, mas são frequentemente vistos a apanhar insectos. Na tabela 3, 72,4% das brincadeiras foram executadas por juvenis. Shanee e Shanee (2011) afirmam que é de esperar que os juvenis se alimentem mais e brinquem mais, uma vez que estão a crescer. O facto de o compartimento ser pequeno pode ter afetado os movimentos.

Embora seja valioso para o público que frequenta o jardim zoológico ver primatas como Brocas rodeados pela vegetação nativa, seria mais benéfico para o público vê-los envolvidos em actividades naturais que são mais indicativas de um estado selvagem. A simulação de comportamentos naturais envolve proporcionar ao animal um ambiente que imita o habitat selvagem para incentivar a expressão do comportamento, enquanto a estimulação se baseia no enriquecimento do ambiente para evocar o comportamento independentemente do recinto (Fábregas *et al.* 2011, Grandia *et al.* 2001). Os jardins zoológicos são uma componente particularmente importante do processo de reintrodução de espécies animais, uma vez que estão "pré-adaptados" para manter populações de espécies ameaçadas devido ao seu historial de manutenção, reprodução e transporte de animais.

A baixa taxa de sucesso das reintroduções (que varia entre 11-54%) exige uma reavaliação da forma como mantemos as espécies em cativeiro (Kleiman e Beck 1994; Kleiman 1989). As provas sugerem que as reintroduções que utilizam populações selvagens são mais bem sucedidas do que as que utilizam populações em cativeiro (Jule *et al.* 2008). Avaliar e satisfazer as necessidades comportamentais dos animais em cativeiro permite aos gestores cumprir o seu papel de administradores e proporcionar oportunidades educativas valiosas aos visitantes do jardim zoológico (McPhee 2003). A falta de estudos comportamentais multi-institucionais realizados em jardins zoológicos não permite que os tratadores, administradores ou investigadores determinem de que forma a condição de cativeiro altera o perfil comportamental de uma população de animais em cativeiro. Os estudos realizados num único jardim zoológico são essenciais para estabelecer melhores protocolos de maneio, programas de reprodução e recintos para instituições individuais, mas não abordam o papel do jardim zoológico na conservação ou perda de comportamento (Carlstead 2002; Shepherdson e Carlstead 2001). As directrizes de bem-estar animal asseguram que os indivíduos dispõem de ambientes estimulantes, mas estas directrizes não incentivam a manutenção do comportamento (AZA 2009a; AZA 2009b).

CONCLUSÃO

A conservação da vida selvagem nos Camarões e noutros países da África Subsariana enfrenta enormes desafios, principalmente devido à fragmentação da floresta tropical e à caça furtiva para obtenção de carne de animais selvagens. Por esta razão, muitas espécies de vida selvagem estão altamente ameaçadas e encontram-se à beira da extirpação regional. Sabe-se que os macacos-prego são endémicos na zona florestal dos Camarões e na vizinha Nigéria, mas a sua população está a diminuir a um ritmo alarmante, criando uma atração para a investigação em matéria de conservação. A população de macacos-prego em LWC é confiscada pelas autoridades florestais e da vida selvagem do Governo dos Camarões para preservação e futuros programas de reintrodução. A análise do orçamento de actividades destes macacos visava compreender as diferentes interacções entre os membros na formação de associações de subgrupos. Através destas associações de grupo, a sua reintrodução na natureza seria mais fácil e limitaria as agressões desenfreadas no seio do grupo, causadas pelos machos adultos, para obterem o domínio.

REFERÊNCIA

Altmann, J. 1974. Estudo observacional do comportamento: métodos de amostragem. Behaviour. 4S. 227- 267.

Altmann J, Schoeller D, Altmann SA, Muruthi P, Sapolsky R.M 1993. O tamanho do corpo e a gordura dos babuínos de vida livre reflectem a disponibilidade de alimentos e os níveis de atividade. *American Journal of Primatology. 1993;* 30:149-161.

AZA. 2009a. Directrizes da AZA para a reintrodução de animais. Em: Aquariums AoZa, editor.

AZA. 2009b. Programas de Planos Especiais de Sobrevivência. Em: Aquariums AoZa, editor. *Cuidados e gestão de animais*

Carlstead, K., 1996. Effects of Captivity on the Behaviour of Wild Mammals (Efeitos do Cativeiro no Comportamento dos Mamíferos Selvagens). In: Wild Mammals in Captivity: *Principles and Techniques.* Pp. 317-333.

Carlstead K. 2002. Using cross-institutional behavior surveys to study relationships between animal temperment and reproduction; 2002 28-29 September, 2002; Omaha, NE. p 54-62.

Feistner, A. T. C. 1988. Parâmetros reprodutivos num grupo de mandris semi-árvore. In de Mello, M.T. (Ed.), Baboons: Selected Proceedings of the 12th Congress of the International Primatoloaical Society Meeting, (pp.77-88). Brasília, Brasil: Editora da Universidade de Brasília.

Fabregas MC, Guillen-Salazar F, e C Garces-Narro. 2011. Os recintos naturalistas proporcionam ambientes adequados para os animais de jardim zoológico? *Zoo Biology 30:* 1-12

Gadsby, E. L., 1990, The status and distribution of the Drill (Mandrillus leucophaeus) in Nigeria, A report focusing on hunters and hunting and their threat to remaining populations of drills and other forest primates in southeast Nigeria.

Gbetnkom, D., 2005. Desflorestação nos Camarões: causas e consequências imediatas. Environment and Development Economics10, 557-572.

Grandia PA, van Dijk JJ, e P Koene. 2001. Stimulating natural behavior in captive bears (Estimular o comportamento natural dos ursos em cativeiro). *Ursus 12:* 199-202.

Hardy D. 1996. Actividades actuais de investigação em jardins zoológicos: Kleiman D, Allen M, Thompson K, Lumpkin S, editores. Wild Mammals in Captivity: Principles and Techniques. Chicago: The University of Chicago Press. p 531-536.Krebs J, Davies N. 1993. *An Introduction to Behavioural Ecology. Londres:* Blackwell Publishing. 432 p.

Horwich, R. H., Koontz, R., Saqui, E., Saqui, H., e Glander, K. E. 1993. A reintroduction program for the conservation of the black howler monkey *(Alouattapigra)* in Belize.*Endangered Species UPDATE* 10: 1-6

Hosey, GR 1997. Investigação comportamental em jardins zoológicos: perspectivas académicas. *Applied Animal Behaviour Science 51:1* 99-207.

Ijeomah, H.,M., e Choko, O. P.,2014. Desafios da criação em cativeiro e reintrodução de primatas seleccionados. *Revista Etíope de Estudos e Gestão Ambiental 7(3):* 218 - 234

IUCN, 1996. A lista vermelha de animais ameaçados da UICN de 1996. IUCN, Gland,

Suíça e Cambridge, Reino Unido

IUCN. 1998. Directrizes da UICN para reintroduções. Preparadas pelo Grupo de Especialistas em Reintroduções da IUCN/SSC. IUCN, Gland, Suíça e Cambridge, Reino Unido. (Disponível na Unidade de Serviços de Publicações da IUCN ou em http://iucn.org./themes/ssc/PUBS/POLICY/INDEX.HTM)

IUCN. 2008. União Internacional para a Conservação da Natureza (UICN), Comissão de Sobrevivência das Espécies (SSC), Gland, Suíça e Cambridge, Reino Unido. Sítio Web: www.iucnredlist.org.

Jule KR, Leaver LA, Lea SEG. 2008. Os efeitos da experiência em cativeiro na sobrevivência de reintrodução em carnívoros: A review and analysis. *Biological Conservation 141 (2):355-363.*

Kleiman D. G. 1989. Reintrodução de mamíferos em cativeiro para conservação. *Bioscience* 39(3):152-161.

Kleiman D, e Beck B. 1994. Critérios para reintroduções. In: Olney P, Mace G, Feistner A, editores. Creative Conservation: interactive management of wild and captive animals. London: Chapman & Hall. p 287-303.

Krebs JR, Davies NB.1993. An introduction to behavioral ecology. Blackwell Scientific Publications, Londres.

Macdonald, D.,W., Moorhouse, T.,P., Enck, J.,W. e Tattersall, F.,H.,2002. Mammals Handbook of Ecological Restoration: Principles of Restoration eds. M.R. Perrow

Martin P, Bateson P. 1986. Measuring behavior: an introductory guide. Cambridge, Reino Unido: Cambridge University Press. 200 p.

Martin, Paul, e Patrick Bateson. 2007. Measuring Behavior: An Introductory Guide,3d ed. Cambridge: Cambridge University Press.

McPhee M. 2003. Gerações em cativeiro aumentam a variação comportamental: considerações para programas de reprodução e reintrodução em cativeiro. *Biological Conservation* 115:71-77

Oates, J.F. e Butynski, T.M. 2008. *Mandrillus leucophaeus*. Lista vermelha de espécies ameaçadas da IUCN. Em linha. URL: www.iucnredlist.org.

Poole, J., e P. Granli. 2008. Mente e movimento: indo ao encontro dos interesses dos elefantes. Em: Forthman,D.L., Kane, L.F., Hancocks, D., Waldau, P.F.(eds). An elephant in the room: The science and well being of elephants in captivity (A ciência e o bem-estar dos elefantes em cativeiro). North GraftonMA: Tufts University. p 2-21

Rogers, M.E., Abernethy, K.A., Fontaine, B., Wickings, E.J., White, L.J.T., e Tutin, C.E.G. 1996. Ten days in the life of a mandrill horde in the Lope Reserve, Gabão. *American Journal of Primatology.* Vol. 40, 297-313.

Shanee. S. e Shanee. N.,2011 .Activity budget and behavioural patterns of free-ranging yellow-tailed woolly monkeys (*Oreonax flavicauda*)(Mammalia: Primates), at La Esperanza, northeastern Peru. *Neotropical Primate Conservation*,Pg 274-275

Shepherdson D, Carlstead K. 2001. New approaches to the evaluation of zoo animal well-being using multiple institutions, assessment of behavior and temperament, and non-invasive physiological measures. *Conferência Anual da Associação Americana de Zoológicos e Aquários* p131-136

Stoinski, T, Lukas K, Maple T. 1998. A survey of research in North American zoos and aquariums. *Zoo Biology 17:* 167-180

Terdal, E.S., 1996. Influências do ambiente em cativeiro no comportamento de brocas e mandris (*Mandrillus*) de zoológico, um género de primatas ameaçado. Dissertação de doutoramento. Portland State University, pp. 128.

Wild, C., Morgan, B.,J. e Dixson, A.,F. 2005. Conservação das populações de broca *(Mandrillus leucophaeus)* em Bakossiland, Camarões: tendências históricas e situação atual. *Jornal Internacional de Primatologia* 26, 759-773.

CAPÍTULO 2

ECOLOGIA DE NIDIFICAÇÃO DOS GORILAS NO SANTUÁRIO DE GORILAS DE KAGWENE, REGIÃO NOROESTE, CAMARÕES

Melle Ekane Maurice[1] *, Nkwatoh Athanasius Fuashi[1] , Ngonpang Honourine

Mengwi[2] ,

[1]Ciências do Ambiente, Universidade de Buea, Camarões

melleekane@gmail.com

RESUMO

O Santuário de Gorilas de Kagwene é o habitat do *Gorilla gorilla diehli,* uma das subespécies mais criticamente ameaçadas do mundo. O objetivo deste estudo foi explorar algumas áreas importantes da ecologia de nidificação dos gorilas, tais como a estrutura da vegetação e as características arquitectónicas. Este estudo foi realizado através da colocação de 68 parcelas circulares de 35 m de raio cada, com uma distância de intervalo de 50 m para altitudes entre 1500 m - 2038 m num transecto de linha. Foi efectuada uma pesquisa baseada em trilhos de caminhos de forrageamento e pegadas para novos locais de nidificação. Também foram registados dados sobre o diâmetro à altura do peito das árvores de nidificação a cerca de 1,3 m acima do solo. Além disso, os ramos das árvores utilizados para a nidificação foram cortados e analisados quanto à densidade das fibras. Para os ninhos construídos no solo, foi registada a espessura a diferentes alturas. Os dados registados nas folhas de chifre foram analisados através de modelos estatísticos de correlação e regressão. Para obter resultados, foram estabelecidos cinco tipos de habitat nos quais foi encontrado um total de 525 ninhos (339 em árvores e 186 no solo), 44,2% dos quais em florestas primárias. O resultado do estudo registou uma relação de correlação positiva significativa entre o diâmetro da árvore à altura do peito (DAP) e a altura do ninho ($R^2 = 0,331$, P = 0,00). Além disso, foi observada uma relação significativa fraca entre a espessura do ninho e a altitude ($R^2 = 0,028$, P = 0,875). As espécies de plantas de oito famílias (Guttiferae, Meliaceae, Acanthaceae, Zingiberaceae, Caesalpinioideae, Rubiaceae, Meliaceae e Commelinaceae) ocorreram em mais de uma elevação, o que representa uma abundância de materiais de nidificação. 86,4% das árvores de nidificação tinham uma densidade de fibras entre 0,6 - 1,0, com uma densidade média de fibras = 0,82, o que é indicativo de madeira dura. Finalmente, este estudo revelou que algumas características ecológicas como a estrutura do habitat, o tipo de vegetação, o diâmetro à altura do peito (DAP) e os gradientes de elevação têm impacto no comportamento de construção de ninhos dos gorilas. No entanto, devem ser efectuados mais estudos sobre o efeito da copa das árvores na nidificação, os constituintes nutricionais do material de nidificação e a ecologia comportamental dos gorilas.

Palavras-chave: Gorila, Estrutura da vegetação, Árvores de nidificação, Percurso de alimentação, Estrutura do habitat, Densidade de fibras

INTRODUÇÃO

A floresta tropical africana contém uma diversidade e abundância extraordinárias de grandes mamíferos, que não tem paralelo em qualquer outro sistema florestal do mundo (Tutin e Vedder, 2001). Os primatas são componentes importantes dos ecossistemas florestais, e a sua comunidade representa apenas cerca de 10% da biomassa total de mamíferos (White, 1994). Muitos dos primatas da floresta tropical africana são especialistas ecológicos que ocorrem em baixas densidades populacionais e vivem em habitats que estão cada vez mais ameaçados pelas actividades humanas. Embora a floresta tropical africana ocupe uma área mais pequena, suporta uma comunidade de mamíferos muito diversificada, incluindo cerca de 50 espécies de primatas (IUCN, 1996). Além disso, a perda de habitat florestal é a principal razão para a extinção de espécies de primatas (Oates *et al.*, 2000). O gorila do rio Cross (CRG) é conhecido por ser um dos 25 primatas mais ameaçados do mundo, de acordo com o Grupo de Especialistas em Primatas da IUCN (IUCN, 2013). Esta subespécie está classificada como uma das espécies de primatas mais criticamente ameaçadas de África, o que significa que se considera que enfrenta um risco extremamente elevado de extinção na natureza (IUCN, 2006). Em todo o mundo, está provado que esta subespécie ocorre apenas nas manchas florestais limitadas situadas ao longo das fronteiras entre os Camarões e a Nigéria, com uma população inferior a 300 indivíduos; e encontra-se associada a refúgios montanhosos em ambos os lados da fronteira entre os Camarões e a Nigéria (Oates *et al.*, 2008). Uma análise geográfica e morfológica recente de espécimes esqueléticos da população de gorilas de Cross River *(Gorilla gorilla diehli) provou* que são suficientemente distintos de outros gorilas ocidentais para justificar a sua classificação como subespécie (Oates *et al.*, 2003). Embora a sazonalidade não tenha sido tida em consideração, no que diz respeito a este estudo, os dados de nidificação sazonal, registados ao longo de três anos na montanha de Kagwene, mostram que na estação seca 81,3% de todos os ninhos foram construídos no solo e apenas 18,7% foram construídos em árvores. Por outro lado, dos ninhos registados nos meses mais húmidos, apenas 30,6% foram construídos no solo e 69,4% foram construídos em árvores (Sunderland-Groves, 2008).

Pensa-se que a construção de ninhos nos gorilas é influenciada por diferentes factores ambientais, como o clima, a estrutura do habitat, a disponibilidade de alimentos e a potencial perturbação por parte de grandes mamíferos simpátricos (Tutin *et al.*, 1995). medida que os seres humanos se expandem em número e a sua própria área de distribuição aumenta para terrenos agrícolas, pastagens, estradas e exploração de madeira, os animais selvagens, como os gorilas, ficam limitados a diminuir a sua população (Barnes, 2002). Embora a caça fosse anteriormente uma grande ameaça à sua sobrevivência, a perda e a fragmentação do habitat estão agora a assumir uma importância crescente. Antes da designação das terras altas de Kagwene como santuário de gorilas, havia uma caça intensa de mamíferos de grande e médio porte, com exceção dos gorilas. Ao longo dos anos, a sua população tem sido protegida por uma lei tradicional que proíbe a sua caça. Por conseguinte, a ameaça mais premente para a população de gorilas nesta área é a perda de habitat, uma vez que os pastores de gado utilizam as encostas das montanhas e converteram grandes áreas da floresta em pastagens (Sunderland-Groves *et al.*, 2009). Assim, este facto justificou meios de investigação e conservação para gerir adequadamente os seus habitats já fragmentados.

A identificação e proteção das árvores utilizadas para a nidificação tem sido recomendada como uma abordagem prática para reduzir os impactos negativos da exploração madeireira nos grandes símios (Sanz *et al.*, 2007). Isto é especialmente verdade, devido ao facto de se estimar que apenas 200 indivíduos desmamados, no mínimo, sobrevivem na natureza (Nicholas *et al.*, 2010). No entanto, tem havido pouco foco na identificação de materiais de nidificação de gorilas, e são raros os estudos que avaliam a seleção de plantas para a construção de ninhos em relação à disponibilidade de plantas na floresta (Tutin *et al.*, 1995; Rothman *et al.*, 2006). Investigar a capacidade arquitetónica dos gorilas do rio Cross na construção de ninhos é de grande importância porque o conhecimento das espécies de plantas utilizadas para a nidificação pode levar à designação de habitats adequados. Se a estrutura do habitat desta área não estiver bem estabelecida e protegida, torna-se um problema para esta espécie de grande macaco criticamente ameaçada, uma vez que fica exposta a uma maior fragmentação através de actividades humanas como a criação de gado. Além disso, não foi efectuado qualquer estudo nesta área para determinar a densidade de fibras das árvores de nidificação, o que dará uma visão mais ampla sobre a razão pela qual algumas espécies podem ser utilizadas para nidificar.

MATERIAIS E MÉTODO

LOCALIZAÇÃO DO ESTUDO

O Santuário de Gorilas de Kagwene (KGS), nos Camarões, é uma área protegida de 19,44 km^2 criada em abril de 2008 (Wiseman *et al.*, 2008). Situa-se num terreno montanhoso dentro da zona florestal da bacia do Congo, ocupando a altitude mais elevada dentro da distribuição dos gorilas de Crossriver (De Vere *et al.*, 2011). O KGS está situado entre as regiões do sudoeste e do noroeste dos Camarões. Situa-se entre 06° 05' 55" e 06° 08' 25" Norte e entre 09° 43' 35" e 09° 46' 35" Este (Bergl *et al.*, 2008) (Fig. 1). As montanhas de Kagwene pertencem às terras altas ocidentais dos Camarões e fazem parte de uma cadeia de montanhas do estado de Bioko Plateau, na Nigéria, com altitudes superiores a 2000 m acima do nível do mar (Funwi-Gabga *et al.*, 2011). O KGS é limitado a noroeste pelas aldeias de Ngwo e Ekoh, a sudeste por Tchikpa e Kenshi, a sudoeste por Alumfa e a nordeste pelas aldeias de Ayi e Amassi.

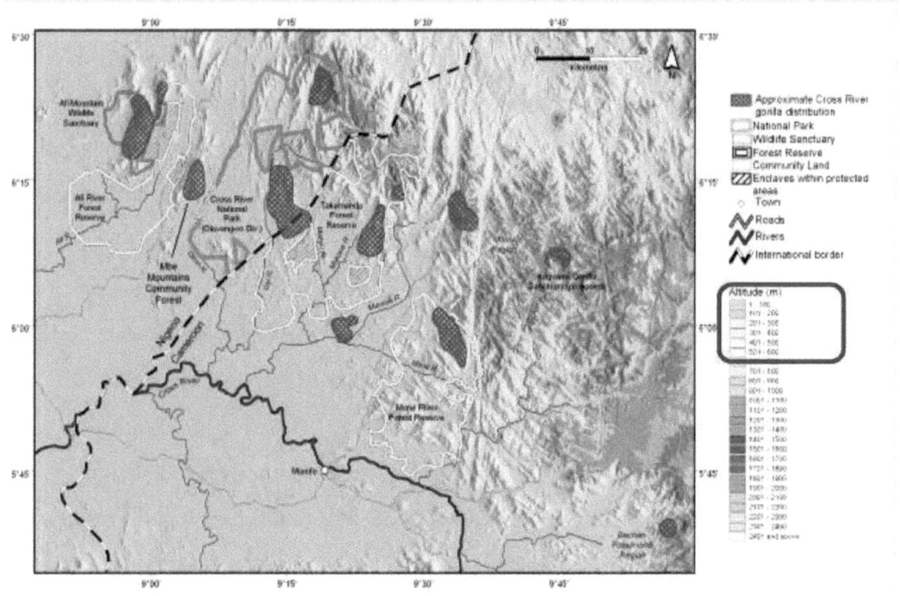

Figura 1: Distribuição do gorila do rio Cross, *Gorilla gorilla diehli na área de estudo*
Fonte:IRSNB, 2007)

Método de recolha de dados

O sector norte do Santuário de Gorilas de Kagwene foi selecionado propositadamente devido ao facto de se saber que os gorilas habitam esta secção do Santuário (De Vere *et al.*, 2011). Entretanto, foi efectuada uma amostragem oportunista de locais de ninhos frescos devido à natureza esporádica da construção de ninhos pelos gorilas na natureza. Os locais de nidificação que ocorrem a 30 - 50 m de distância uns dos outros foram considerados como separados (Morgan *et al.*, 2006). Assim, uma média de seis parcelas circulares de 35 m de raio a uma distância média de 50 m de distância foram colocadas em cada elevação, dentro das quais foram identificadas as plantas dominantes e contadas as espécies de plantas utilizadas para a nidificação. Foi efectuado um rastreio baseado em vestígios dos percursos diários de forrageamento para procurar os ninhos das noites anteriores (ninhos frescos), utilizando os rastos de alimentação dos gorilas, as pegadas ou o percurso dos dedos e o cheiro a estrume. Os rastos de alimentação eram constituídos por restos de comida in situ e indicavam os padrões de movimento dos gorilas. Este método foi utilizado por duas razões: para evitar a habituação que poderia tornar os animais vulneráveis a caçadores furtivos e/ou doenças e, para evitar influenciar o seu comportamento natural na natureza. Apenas os ninhos noturnos construídos pelos gorilas foram considerados para este estudo; a razão é que, embora os ninhos diurnos e noturnos possam ser compostos de materiais semelhantes (Lukas *et al.*, 2003). As frequências de espécies de plantas em diferentes gradientes altitudinais e as espécies de plantas utilizadas para nidificar nessas elevações foram estabelecidas através da contagem de espécies de plantas nas parcelas circulares nos locais dos ninhos. As espécies vegetais utilizadas como materiais de nidificação também foram contadas para verificar qual o habitat preferido pelos gorilas para a construção dos ninhos. Tanto as árvores como os materiais vegetais utilizados pelo gorila para nidificar foram identificados através de uma combinação de caracteres, tais como a forma geral da árvore (contrafortes, sistemas de raízes, textura da casca; cor, cheiro e exsudados do corte, tipo e forma das folhas), bem como as flores e os frutos das árvores. A utilização do forno de campo tornou possível preparar espécimes de plantas não identificadas para identificação no herbário do Jardim Botânico de Limbe. Para todas as espécies de árvores utilizadas para a nidificação, o diâmetro à altura do peito (DAP) a 1,3 m acima do nível do solo a partir da encosta, foi medido utilizando uma fita métrica de DAP. As alturas das árvores, bem como a altura dos ninhos acima do nível do solo, também foram estimadas (estimativas médias de todos os trabalhadores de campo). O registo desta recolha de dados foi feito em folhas de ecodados de campo bem concebidas e à prova de chuva.

RESULTADOS

Tabela 1: Tipo de habitat para as categorias de construção de ninhos

Habitat type	Ground nest (%)	Tree nest (%)
Primary forest (N=298)	12.6	44.2%
Montane forest (N=11)	0	2.1
Secondary forest (N=186)	16	19.4
Light gap (N=18)	2.6	0.8
Grassland (N=11)	2.1	0

Número de ninhos por sítio

Para este estudo, foram registados 68 locais de nidificação frescos (1-2 dias de idade) contendo 525 ninhos individuais de gorilas CR. O número médio de ninhos por local de nidificação foi de 7,74, (N=68, SD=2,7, mediana=8, intervalo 2-15,) e o número mais frequente de ninhos por local foi 7 (N=12).

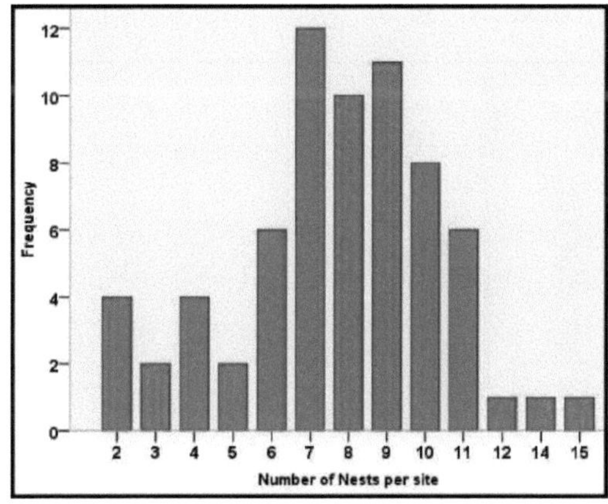

Figura 2: Distribuição do número de ninhos por local de nidificação de gorilas (N=68).

Quadro 2: Correlação entre as árvores utilizadas para a nidificação e as suas densidades de fibras.

			TREE SPECIES	FIBRE DENSITY
Spearman's rho	TREE SPECIES	Correlation Coef.	1.000	.579[**]
		Sig. (2-tailed)	.	.000
		N	336	330
	FIBRE DENSIT Y	Correlation Coef.	-.579[**]	1.000
		Sig. (2-tailed)	.000	.
		N	330	330

**. A correlação é significativa ao nível de 0,01 (bicaudal).

Diâmetro à altura do peito das árvores com ninhos

Estes estudos mostram que os gorilas CR em Kagwene preferem nidificar em árvores com DAP entre 11 e 50 cm, com 50 % de todos os ninhos em árvores com DAP entre 11 e 20 cm. O diâmetro médio à altura do peito (DAP) das árvores com ninhos foi de 38,03 (n=339, SE=1,4, mediana=30,5.

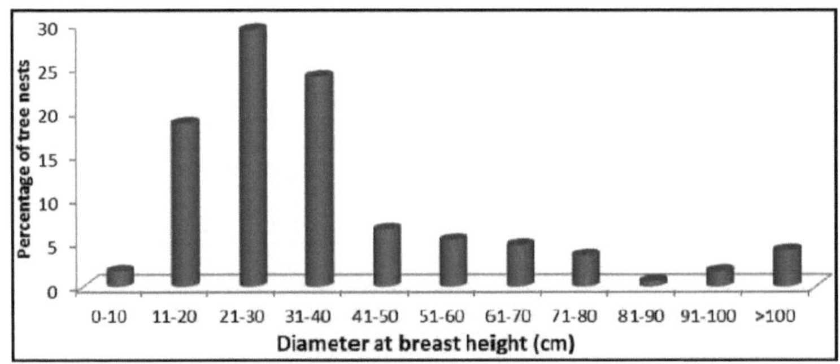

Figura 3: Percentagem de ninhos de CRG em diferentes intervalos de DAP na KGS.

Relação entre o DAP das árvores e a altura do ninho

Existe uma relação significativa entre a altura do ninho e o DAP da árvore (r = 0,331, p-value = 0,00). Isto implica, portanto, que quanto maior for a árvore, mais alto será o ninho em relação ao solo (Quadro 7).

Quadro 3: Correlação entre a altura do ninho e o DAP das árvores utilizadas para a nidificação

			Nest Height (m)	Tree DBH (cm)
Nest Height (m)		Pearson Correlation	1	.331(**)
		Sig. (2-tailed)		.000
		N	339	339
Tree DBH (cm)		Pearson Correlation	.331(**)	1
		Sig. (2-tailed)	.000	
		N	339	339

** A correlação é significativa ao nível de 0,01 (bicaudal).

Relação entre a espessura do ninho e a elevação

Existe uma relação positiva entre a espessura do ninho e a elevação ($R^2 = 0,028$, a P = 0,875)

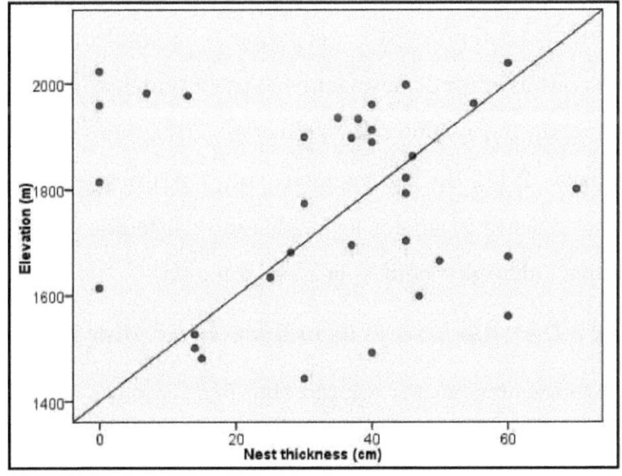

Figura 4: Relação entre a espessura do ninho e a elevação em KGS

DISCUSSÃO

Habitats utilizados para a nidificação

A distribuição dos locais de nidificação no Santuário de Gorilas de Kagwene ainda ocorre predominantemente no sector norte e dentro dos limites do santuário do que noutras áreas do santuário, confirmando o estudo de De Vere *et al.,* (2011). Esta preferência de habitat pode dever-se à consciência de segurança, ao tipo de floresta, ao declive e à menor perturbação por actividades antropogénicas. O habitat influencia fortemente o tipo de construção do ninho, uma vez que é um fator determinante para os materiais que são disponibilizados para a nidificação. Devido à presença de árvores altas e maduras na floresta primária e à menor vegetação rasteira, ao contrário dos outros tipos de habitat, é muito provável que a nidificação em árvores seja comum nesta última. Esta espécie de gorila constrói o seu ninho com muita frequência na zona de floresta primária. A razão para a construção consistente de ninhos desta espécie de gorila na floresta primária também pode estar relacionada com a natureza segura deste habitat de floresta montanhosa, a disponibilidade de material e até a escolha do tipo de ninho que precisam de construir. Embora os gorilas do KGS tenham nidificado em clareiras, o que está de acordo com os relatórios de Tutin *et al.* 1995, Mehlman e Doran 2002 e Rothman *et al.* 2006, os gorilas das planícies ocidentais parecem selecionar mais os habitats compostos por clareiras, com copas abertas, que têm uma maior densidade de materiais preferidos para a construção de ninhos. Para além disso, esta descoberta revelou que as áreas de pastagem não proporcionam tipicamente um habitat ideal para a nidificação, Bergl 2006 e De Vere *et al.*, 2011. Mais ainda, esta espécie de gorila utilizou apenas 2,1% do habitat total para a nidificação no solo, que era a pastagem. A partir da distribuição dos locais de nidificação dos gorilas no mapa, estes gorilas nidificam para além dos limites da área protegida.

Correlação entre o DAP das árvores de nidificação e a altura do ninho

A partir dos resultados, existe uma relação significativa entre o DAP da árvore e a altura do ninho (r = 0,331, p-valor = 0,00). Isto implica, portanto, que o gorila do rio Cross prefere construir os seus ninhos em árvores à altura do peito, uma vez que o seu peso pode não lhes permitir subir muito alto nas árvores, em comparação com outras espécies de primatas, como os guenones, que são mais arborícolas devido ao seu tamanho pequeno e à morfologia corporal mais leve.

Espessura do ninho

Dado que há uma diminuição da temperatura com altitudes mais elevadas, o caso da espessura do ninho aumentar com altitudes mais elevadas pode estar associado ao facto de estes gorilas utilizarem mais material para se isolarem e, assim, passarem mais horas nocturnas confortavelmente. Assim, existe uma correlação fraca mas positiva entre a espessura do ninho e a altitude (R=0,028). Este facto está de acordo com o trabalho de Sanz *et al.*, 2007.

Diâmetro do ninho

À semelhança dos estudos anteriores realizados na KGS (Neba, 2011), o grupo de gorilas estudado durante este estudo manteve o tamanho do grupo social de sete indivíduos ao longo do estudo, o que pode dever-se ao facto de os gorilas formarem grupos sociais, com um macho adormecido a liderar o grupo para todos os locais de alimentação, incluindo a proteção e outras responsabilidades sociais relacionadas, como cuidar, brincar e acasalar. (IRSNB, 2007). Além disso, os gorilas apresentam os padrões de agrupamento mais estáveis de todos os grandes símios.

Densidade da fibra

Considerando a resistência das árvores de nidificação, os resultados deste estudo revelaram que até 86,4% das árvores de nidificação têm uma densidade de fibras que se situa entre 0,6 e 1,0, o que indica que, apesar do tamanho comparativamente grande dos animais e do seu peso elevado, em média 90 - 210 kg; (IUCN, 1996), as espécies arbóreas são suficientemente fortes para suportar tais pesos corporais. Por outro lado, o facto de existir uma correlação negativa entre as espécies arbóreas e a densidade das fibras implica que a densidade das fibras não pode, até certo ponto, ser concluída como o único fator em termos de seleção de árvores para a nidificação.

Elevações no Santuário de Gorilas de Kagwene utilizadas para a nidificação

Os gorilas do rio Cross *(Gorilla gorilla diehli)* no Santuário de Gorilas de Kagwene (KGS) nidificam predominantemente em altitudes muito elevadas (entre 1500 m e 2038 m) em encostas íngremes, tal como os gorilas das planícies ocidentais. Isto está de acordo com Neba, 2011 e Oates *et al.*, 2007, que referiram que os CRG estão normalmente localizados em terrenos montanhosos e difíceis, medindo por vezes mais de 2.000 m de altura. Além disso, De Vere *et al.*, (2011) salientou que os gorilas em KGS nidificavam a uma altitude máxima de 2037 m, como confirmado por este estudo, onde os ninhos foram construídos a uma altitude de 2038 m. Isto também está de acordo com o estudo de Etiendem *et al.,* (2013.

Conclusão

Este estudo revelou a importância significativa de alguns factores ecológicos que influenciam a distribuição da população de gorilas do rio Cross nesta zona de floresta montanhosa. A estrutura ecológica de nidificação do gorila é mais no solo do que nas árvores, devido ao seu grande peso corporal, em comparação com outras espécies de primatas. Além disso, o comportamento e o padrão de construção dos ninhos revelaram o envolvimento de algumas espécies de árvores como *Zenkerella citrina* (Caesalpinioideae), *Garcinia smeathmannii,G.* No entanto, as diferentes características do habitat desempenharam igualmente um papel significativo na construção e distribuição dos ninhos. A maioria dos ninhos foi observada na superfície do solo da zona florestal. A maioria dos ninhos foi observada na superfície do solo da zona florestal, devido ao facto de serem mais terrestres do que arborícolas, devido ao seu peso e tamanho. Além disso, a disponibilidade de material de nidificação determinou, em maior medida, a escolha do tipo de ninho, a distribuição, a altura da árvore e o gradiente de elevação. A presença de uma atmosfera segura, a disponibilidade de material de construção de ninhos e a riqueza de alimentos para gorilas neste santuário parecem ter um efeito tremendamente positivo na distribuição da população.

RECOMENDAÇÕES

Para além disso, não foi feita uma observação cara a cara se os vários ninhos foram ou não construídos por um gorila adulto ou juvenil para determinar as suas competências. Por conseguinte, recomenda-se um estudo sobre a ecologia comportamental dos gorilas para esclarecer estas dúvidas. O pastoreio de gado no santuário continua a constituir uma ameaça para o habitat dos gorilas. Isto deve-se especialmente ao facto de estes gorilas terem nidificado igualmente em pastagens durante este período de estudo. Por conseguinte, o controlo persistente da caça, a proibição do pastoreio no KGS (que poderia levar a queimadas descontroladas) em combinação com a proteção do habitat poderia permitir que a população de gorilas se expandisse para além da área conservada.

REFERÊNCIAS

Barnes, F.W. (2002). The bush meat boom and bust in West and Central Africa. Oryx36:236-242.

Bergl, R.A. (2006). Conservation biology of the Cross River gorilla *(Gorilla gorilla diehli)*. Tese de doutoramento da City University of New York (Nova Iorque).

Brugiere, D. e Sakom, D. (2001). Polulation density and nesting behaviour of lowland gorillas *(Gorilla gorilla gorilla)* in the Ngotto forest Central African Republic. Journal of Zoology, Londres. 255, 251-259.

De Vere, R.A., Warren, Y., Nicholas A., Mackenzie M.E., e Higham J. (2011). Nesting ecology of the Cross River gorilla at the Kagwene Gorilla Sanctuary Cameroon, with special reference to anthropogenic influence. American Journal Primatology. (2011) 73:253-261

Etiendem, N.D. (2013). Factores ecológicos e antropogénicos da sobrevivência do gorila de Cross River *(Gorilla gorilla diehli)* em Mawambi Hills, sudoeste dos Camarões. Tese de doutoramento. Vrije Universiteit Brussel, Bélgica. Jornal Internacional de Primatologia.

Funwi-Gabga, N., e Mateu, J. (2011).Compreender o comportamento especial de nidificação dos gorilas no Santuário de Kagwene, Camarões.Stochastic Environmental Research and Risk Assessment.26(6):793-811.

IRSNB, (2007). *Gorilla gorilla diehli,* status report.The World Atlas of Great Apes and their conservation. Recuperado em março de 2015 *dehttp:www.naturalsciences.be/'...,/ Status_report_%20CrossRiverGorilla_IRSNB*

IUCN, (1996). Primatas africanos: Estudo do estado e plano de ação para a conservação. Edição revista. IUCN, Gland, Suíça. 88pp

IUCN, (2006). Lista Vermelha de Espécies Ameaçadas da UICN de 2006. www.iucnredlist.org

IUCN, (2013). Lista vermelha das espécies ameaçadas 2013. Recuperado em 6 de março de 2014, de http://www.iucnredlist.org.

Lukas, K.E, Stoinski, T.S., Burks, K., Snyder, R., Bexell, S., e Maple, T.L. (2003). Nest building in captive *Gorilla gorilla gorilla*. International Journal of Primatology. 24(1):103-120.

Mehlman, P.T., e Doran, D.M. (2002).Influencing western gorilla nest construction at Mondika Research Centre.International Journal of Primatology 23 : 1257-1285.

Morgan, D., Sanz C., Robert, J.O., e Strindberg, S. (2006). Ape abundance and habitat use in the Goualougo Triangle, Republic of Congo. International Journal of Primatology. 27(1)147-175.

Neba F. (2011). Análise do padrão de pontos espaciais dos locais de nidificação de gorilas no Santuário de Kagwene, Camarões. Tese de mestrado, UniversitatJaume I (UJI) Castellon, Espanha.

Nicholas, A., Warren, Y., Bila, S., Ekinde, A., Ikfuingei, R., e Tampie R. (2010). Sucessos na monitorização comunitária dos gorilas do rio Cross *(Gorilla gorilla diehli)* nos Camarões. Projeto Takamanda-Mone Landscape. Primatas Africanos 7(1):55 - 60.

Oates, J.F., Abedi-Lartey, M., McGraw, S., Struhsacker, T.T. e Whitesides, G.H. (2000). Extinção de um macaco colobus vermelho da África Ocidental. Conservation Biology 14: 1526-1532.

Oates, J. F., McFarland, K.L., Groves, J.L., Bergl, R.A., Linder, J.M., e Disotell, T.R. (2003). The Cross River gorilla: Natural history and status of a neglected and critically endangered subspecies. In: Taylor, A.B. e M.L. Goldsmith (eds.) 2003. Gorilla Biology: a multidisciplinary perspective. Cambridge University Press Pp. 472-493.

Oates, J.F., Bergl, R.A., Sunderland-Groves, J., e Dunn A. (2008). *Gorilla gorilla* ssp. diehli. In: IUCN 2010. Lista vermelha de espécies ameaçadas da IUCN.

Rothman, J.M., Pell, A.N., Dierenfeld, E.S., e Mccann, C.M. (2006). Escolha de plantas na construção de ninhos noturnos por gorilas no Parque Nacional Impenetrável de Bwindi, Uganda. American Journal of Primatology. 68:361 - 368.

Sanz, C., Morgan, D., Strindberg, S., Onononga, J.R. (2007). Distinguindo entre os ninhos de chimpanzés e gorilas simpátricos. Journal of Applied Ecology. 44:263-272

Sunderland-Groves, J.L., Maisels, F. e Ekinde, A. (2003). Surveys of the Cross River gorilla and chimpanzee populations in Takamanda Forest Reserve, Cameroon. In: Takamanda: The Biodiversity of an African Rainforest. (Comiskey, J. A., Sunderland, T. C. H. & Sunderland-Groves, J. L. ed). Smithsonian Institution, Washington, D.C.

Sunderland-Groves, J.L. (2008).População, distribuição e estado de conservação do gorila do rio Cross *(Gorilla gorilla diehli)* nos Camarões. Retirado de http://www.ellioti.org/JLSunderland-GrovesMPhil2008.pdf

Tutin, E.G., Parnell, R.J., White, L.J.T., e Fernandez, M. (1995). Nest building by lowland gorillas in the Lop'e Reserve, Gabão: Influências ambientais e implicações para o recenseamento. International Journal of Primatology. 16 (1) : 53 - 76.

Tutin, C.E.G, e Vedder, A. (2001). Gorilla conservation and research in Central Africa: a diversity of approaches and problems (Conservação e investigação do gorila na África Central: uma diversidade de abordagens e problemas). African Rain Forest Ecology and Conservation (Weber W, White LJT, Vedder A, Naughton-Treves L, eds.), pp 429-448. New Haven, Yale University Press.

Branco, L.J.T. (1994). Biomassa da floresta tropical na Reserva Lope do Garbão. Animal Journal of Ecology. 66:499-512.

CAPÍTULO 3

A ecologia de nidificação das aves tecelãs nas quintas de Ekona, Região Sudoeste, Camarões

Melle Ekane Maurice*[1] , Nkwatoh Athanasius Fuashi[1] , Viku Bruno Agiamte-Mbom[2]

, Tim Killian Lengha[3]

[1]Departamento de Ciências Ambientais, Universidade de Buea, P.O.Box 63,

Camarões

melleekane@gmail. com

RESUMO

Os factores ecológicos desempenham um papel fundamental na determinação da construção e do sucesso dos ninhos das aves tecelãs. O objetivo deste estudo foi determinar o papel ecológico na construção de ninhos de aves tecelãs em quintas de Ekona. Os dados da pesquisa foram recolhidos de março a agosto de 2016, através da colocação aleatória de seis transectos de 1 km de comprimento e 100 m de largura cada um dentro da área de estudo, e quatro locais diferentes foram visitados também para observar as actividades diárias de nidificação das aves tecelãs. Os dados ecológicos do comportamento de nidificação das aves tecelãs foram observados e registados, em função do período do dia, do clima e das alterações sazonais. Os dados foram analisados utilizando os modelos estatísticos do Qui-quadrado e da correlação de Pearson. O resultado mostrou uma correlação positiva entre a população de aves tecelãs e a densidade de ninhos em ambas as estações (R^2 =0,5407 a P <0,05). Além disso, a partir da análise, a relação entre a construção de ninhos e o tipo de planta utilizada registou significância (X^2 = 69,1040, df= 28 a P < 0,05). Além disso, observou-se que a construção de ninhos no tempo ensolarado foi mais intensa do que no tempo chuvoso, 54,57% para o tempo ensolarado, 42,86% para o tempo chuvoso e 2,7% para o tempo nublado. Além disso, verificou-se uma relação significativa (X^2 = 830,752, df=44 a P<0,05) entre as actividades das aves tecelãs e o período do dia. O estudo revelou que tanto as alterações sazonais como as alterações meteorológicas podem afetar as actividades de construção de ninhos das aves tecelãs na zona agrícola de Ekona.

Palavras-chave: Aves tecelãs, distribuição da população, comportamento de nidificação, construção de ninhos, clima

INTRODUÇÃO

As aves tecelãs formam grandes bandos de forrageamento e colónias de nidificação e estão frequentemente envolvidas em acções competitivas sincronizadas, tais como a deslocação de outras espécies de aves em áreas de forrageamento e o assédio de intrusos perto e dentro das colónias (Lahti, 2003). As aves tecelãs constroem ninhos elaborados e fechados em colónias frequentemente densas e preferem a proximidade de habitações humanas e da agricultura (Lahti *et al.*, 2002). Os ninhos dos tecelões representam uma das construções mais notáveis produzidas por qualquer animal. Na maioria das espécies, o macho dá a maior contribuição para a construção do ninho e a fêmea acrescenta forro se aceitar um ninho. Nos "verdadeiros" tecelões (subfamília Ploceinae), os machos constroem ninhos intrincadamente tecidos com tiras finas de material vegetal. Normalmente, a construção do ninho começa com a construção de uma ponte entre suportes, geralmente galhos finos. O macho empoleira-se então nesta ponte enquanto tece a taça do ninho (Collias e Collias 1964). A entrada do ninho é lateral ou está virada verticalmente para baixo; nalgumas espécies, prolonga-se num túnel de 10 cm a mais de 1 m de comprimento. Os ninhos dos tecelões-búfalos *(Bubalornis niger)* e dos tecelões-pardais *(Plocepasser mahali)* são constituídos por pedaços de vegetação seca, inseridos e entrelaçados numa estrutura complexa, sem qualquer tecelagem ou nó (Collias e Collias 1964). Várias espécies tecelãs retiram as folhas dos ramos à volta das suas colónias; isto torna a colónia mais visível, mas pode ser uma atividade de deslocação (Oschadleus 2000). Nas espécies poligínicas, os machos constroem uma sucessão de ninhos, para os quais atraem as fêmeas através da sua exibição; as fêmeas forram o ninho, põem, incubam e criam os filhotes sem ou com pouca assistência dos machos. As colónias podem ser constituídas por centenas de machos ou por machos isolados (Tarboton 2001). Nas espécies monogâmicas, os sexos partilham as tarefas parentais e constroem um único ninho por época de reprodução (Tarboton 2001).

Foi observado um tipo diversificado de plantas hospedeiras preferidas por *Ploceus Philippinus* em vários tipos de habitats, como campos agrícolas, áreas florestais, barragens, encostas, poços abertos e canais de irrigação. A seleção da planta hospedeira para pendurar o ninho é um dos factores importantes para a tecelagem do ninho. Os galhos das plantas são geralmente finos e maleáveis e pendentes de ramos horizontais (folhas no caso das palmeiras) que *Ploceus philippinus selecciona* para suspender o seu ninho. Os ramos com uma espessura superior à de um polegar humano não são geralmente seleccionados, possivelmente porque não podem ser acomodados na preensão das garras durante a tricotagem das fibras para a iniciação do ninho. Os ramos fortemente virados para cima também não são preferidos. São seleccionados galhos suficientemente duros e fortes para suportar o peso do ninho. As suas porções terminais ou terminais em bolbo são utilizadas para fixar os ninhos.

Os recursos que limitam a dimensão e a distribuição das populações animais podem também determinar a composição e a estrutura das comunidades nas redes ecológicas. Por exemplo, a abundância de alimentos determina frequentemente a forma como as espécies de aves competem e coexistem nas comunidades (Mac Nally & Timewell 2005). Para as espécies que utilizam abrigos, como as aves e os mamíferos que nidificam em cavidades, o tamanho da população e a estrutura da comunidade podem ser determinados pela disponibilidade de abrigos (Aitken & Martin 2008). Os ninhos de tecelão são utilizados tanto para reprodução como para empoleiramento e estão normalmente localizados num grupo compacto num dos lados da árvore-ninho. Os ninhos têm ninhos de reprodução (com uma entrada) e são fáceis de identificar, mas muitas vezes não servem uma única função: os ninhos de empoleiramento são frequentemente convertidos em ninhos de reprodução e vice-versa. A construção de ninhos é uma atividade importante das aves tecelãs, na qual participam todos os membros do grupo. Os ninhos têm uma grande influência na sobrevivência dos grupos de tecelões e a construção colectiva de ninhos pode, portanto, ser uma forma de altruísmo. As forças selectivas responsáveis por este altruísmo podem ser de importância primordial na formação da socialidade dos tecelões. Quando as aves constroem ninhos, é frequente haver mais do que uma condicionante ambiental na determinação do local do ninho. Algumas espécies de aves nidificam frequentemente em falésias e não em árvores, presumivelmente como uma adaptação contra a predação. No entanto, esta preferência de local de nidificação faz com que as crias sejam expostas a uma quantidade proibitiva de sombra e de frio. Mosher & White (1976) verificaram que os ninhos da águia-real *(Aquila chrysaetos)* se situam em falésias onde as crias são expostas ao máximo de radiação solar, o que melhora a sua sobrevivência num ambiente frio. A colocação dos ninhos da águia-real é, portanto, uma resposta à predação e à temperatura ambiente no local do ninho.

O impacto das condições meteorológicas na biologia das populações de aves tem sido um importante domínio de estudo dos ornitólogos ao longo do último meio século (George *et al.*, 1992). As condições meteorológicas não só afectam a taxa metabólica das aves (por exemplo, o tempo frio exige um maior dispêndio de energia para a manutenção do corpo), como também exercem outros efeitos indirectos e directos no comportamento das aves. Por exemplo, pode influenciar as condições de procura de alimentos e a capacidade de realizar outros comportamentos essenciais, como a corte. As condições meteorológicas também têm impacto no sucesso da reprodução, por exemplo, através do arrefecimento ou da fome das crias (Humphrey, 2004). Os fenómenos meteorológicos extremos, como períodos prolongados de frio e secas, podem ter efeitos catastróficos nas populações de aves, incluindo efeitos a longo prazo em coortes inteiras (Humphrey, 2004). O objetivo deste estudo foi investigar o efeito das alterações climáticas e sazonais na atividade de construção de ninhos das aves tecelãs nas terras agrícolas de Ekona.

MATERIAIS E MÉTODO

Área de estudo

Este estudo foi efectuado na cidade de Ekona, situada na subdivisão de Muyuka, na região sudoeste dos Camarões. Ekona está situada entre a latitude 4° 9' N do equador e a longitude 9° 14' E do Meridiano de Greenwich. A cidade está situada ao longo da costa atlântica no Golfo da Guiné. A área tem uma superfície de cerca de 179 km^2 com uma população estimada de 17513 pessoas (Instituto Nacional de Estatística, 2005).

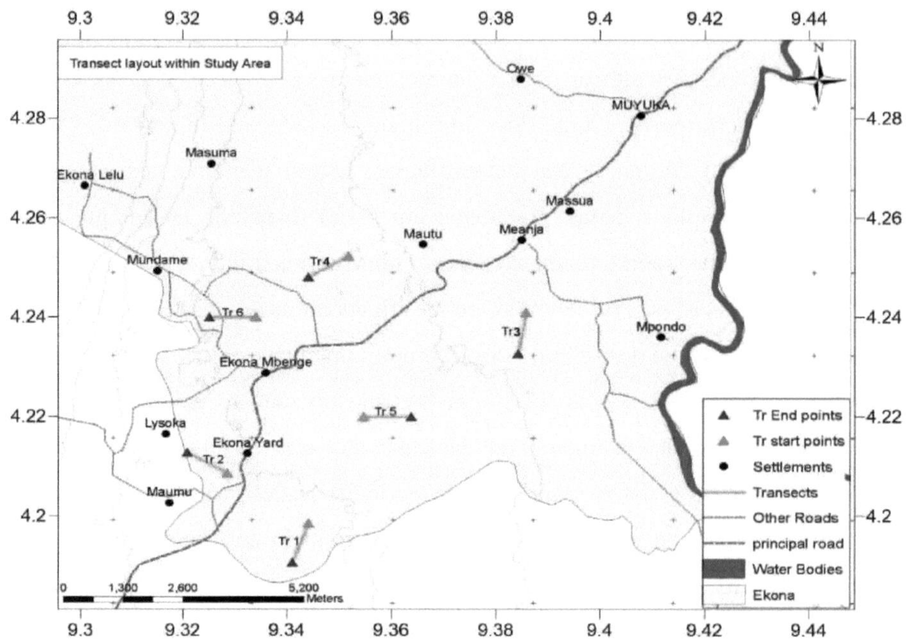

Fig 1. Mapa que mostra a localização da área de estudo, Fonte (Estudo de Campo, 2016)

A observação e a contagem dos ninhos de tecelões

As aves são talvez os animais mais fáceis de enumerar. Têm frequentemente cores vivas, são relativamente fáceis de ver e são muito vocais. São também muito populares para estudar, revelam frequentemente a sua presença por voz e os seus chamamentos e cantos ajudam a detetar muitas espécies de aves. No entanto, o canto das aves como instrumento de recenseamento pode ter algumas desvantagens. No presente estudo, o trabalho de campo consistiu na observação direta das aves ao ar livre e em situações de esconderijo (Colinetal, 1993). Durante o levantamento de campo, a localização exacta da atividade de nidificação das aves tecelãs foi detectada seguindo os seus chamamentos e cantos. Os ninhos construídos em plantas altas e em locais remotos foram observados à distância com binóculos. Em cada transecto, os ninhos das aves foram contados em 10 pontos de amostragem pelo método de contagem pontual. Os mesmos pontos foram utilizados tanto na estação seca como na estação húmida. Ao chegar a um ponto, foram concedidos 2 a 5 minutos para as aves se instalarem em caso de perturbações (Bryan *et al.*, 1984). Foram utilizados dez minutos para contar e registar todos os ninhos de aves e actividades observadas ou ouvidas num raio de 30 m (Terborgh *et al.* (1990) e Robinson *et al.*, (2000)). O estudo foi efectuado entre as 06:30 e as 18:30 todos os dias (Stevenson e Fanshawe, 2002). Foi estabelecido um número total de 6 transectos, com uma dimensão de 1 quilómetro de comprimento e 100m de largura, em habitats de vegetação perturbada e não perturbada. Na colocação destes transectos, foi utilizada uma bússola para obter as leituras de direção e rumo para cada um dos transectos. Também foi utilizado um Sistema de Posicionamento Global para obter as coordenadas geográficas para marcar os pontos de início e fim de cada transecto. Foi utilizada uma fita métrica (100 m) para medir o comprimento e a largura da linha do transecto. O método de contagem direta utilizado envolveu a observação e contagem de ninhos de tecelão ao longo da linha do transecto. Este método tem sido utilizado para monitorizar a abundância relativa de aves de rapina diurnas, colónias de pardais e tecelões (Douthwaite, 1992a). Os ninhos foram observados num transecto durante todos os dias do mês, durante todo o período de estudo. Quatro zonas diferentes com grupos diferentes (colónias) de tecelões foram visitadas durante um período de 4 meses. Os parâmetros ecológicos como as alterações climáticas, o período do dia e as alterações sazonais foram registados ao mesmo tempo. Os dados da investigação recolhidos foram analisados utilizando os pacotes estatísticos Qui-quadrado e correlação de Pearson.

RESULTADOS

Contagem de ninhos

Durante este estudo, foi contado e registado um número total de 2.710 ninhos de tecelões, como mostra a tabela 1. A tabela 1 também mostra a percentagem da população de ninhos de tecelões encontrada em cada transecto, tendo T1 uma população de ninhos de 777, T2= 678 ninhos, T3= 318 ninhos, T4= 323 ninhos, T5= 240 ninhos e T6= 374 ninhos, com percentagens de 28,8%, 25,1%, 11,7%, 11,9%, 8,9% e 13,9%, respetivamente. A média total da população de ninhos foi de 415 ninhos.

Tabela 1: Contagem de ninhos

Meses	T1	T2	T3	T4	T5	T6

	T	T	T	T	T	T
março	66	82	33	54	9	36
abril	130	131	68	56	25	60
maio	98	152	46	58	40	72
junho	139	113	56	75	64	95
julho	199	138	57	44	50	52
agosto	145	62	58	36	52	59
Total	**777**	**678**	**318**	**323**	**240**	**374**
	(28.8%)	**(25.1%)**	**(11.7%)**	**(11.9%)**	**(8.9%)**	**(13.8%)**

T= transectos

Relação entre os ninhos de pássaros tecelões nas estações seca e húmida

Os resultados mostraram (fig.2 e 3) uma correlação positiva entre a distribuição da população de ninhos de tecelões e as mudanças sazonais ($R^2 = 0,5407$ a $P< 0,05$). Além disso, os resultados mostraram uma correlação negativa da distribuição dos ninhos na estação húmida, fig. 3.

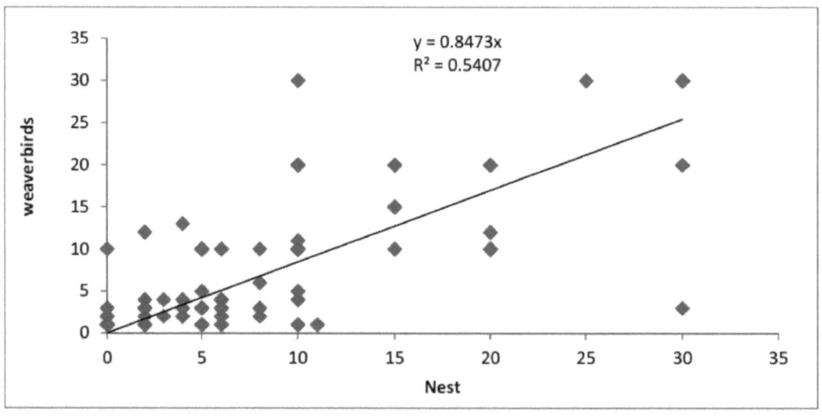

Figura 2: Relação entre as aves tecelãs e a população de ninhos na estação seca

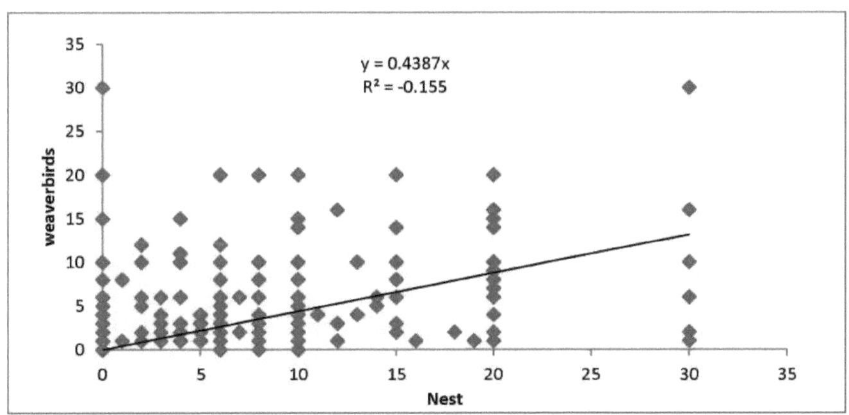

Figura 3: Relação entre as aves tecelãs e a população de ninhos na estação húmida

Identificação das espécies vegetais utilizadas como materiais de construção de ninhos

A Tabela 2 mostra os tipos de plantas em que as aves tecelãs foram habitualmente observadas a nidificar ou a apanhar materiais de nidificação: dendém (22,9%), coco (13,5%), milho (16,6%), capim-elefante (10,7%), pera (8,5%), manga (9,4%) e plátano (10,0%). Observou-se que os ninhos são construídos em qualquer árvore moderadamente (tabela 2) alta (9-20 m), e algumas destas árvores têm valor económico (Mengesha *et al.*, 2011). Estas incluem a palmeira de óleo *(Elaeis guineensis), o* coqueiro *(Cocos nucifera),* a manga *(Mangifera indica),* a ameixa *(Pygeum africanum),* o abacate *(Persea americana)* e a laranja doce *(Citrus sp.).* Outras plantas comummente colonizadas encontradas na área de estudo incluem o bambu (*Oxytenanthera abyssinica*) e o capim-elefante *(Pennisetum purpureum),* com plátanos *(Musa paradisiaca)* e milho (*Zea mays*), como algumas das culturas económicas na área de estudo (Funmilayo e Akande, 1976).

Tabela 2: Espécies de plantas sobre as quais os tecelões pousaram

C. Name	Scientific ame	Transect 1	Transect 2	Transect 3	Transect 4	Transect 5	Transect 6	Total
Moring a	*Moringa oleifera*	7	2	0	0	0	0	**10**
		8.0%	3.9%	0.0%	0.0%	0.0%	0.0%	**3.1%**
Oil palm	*Elaeis guineensis*	20	18	7	9	9	10	73
		22.7%	35.3%	16.4%	16.4%	23.7%	21.3%	**22.9%**
Mango	*Mangifera indica*	12	5	3	3	2	5	**30**
		13.6%	9.8%	5.5%	5.5%	5.3%	10.6%	**9.4%**
Plantain	*Musa paradisiaca Musa sapientum*	7	5	0	6	3	11	32
		8.0%	9.8%	10.9%	10.9%	7.9%	23.4%	**10.0%**
Coco nut	*Cocos nucifera*	9	2	11	11	3	7	43
		10.2%	3.9%	20.0%	20.0%	7.9%	14.9%	**13.5%**
Maize	*Zea mays*	10	5	12	12	6	8	53
		11.4%	9.8%	21.8%	21.8%	15.8%	17.0%	**16.6%**
Plum tree	*Pygeum africanum*	6	4	1	4	1	1	17
		6.8%	7.8%	7.3%	7.3%	2.6%	2.1%	**5.3%**
Elephan t grass	*Pennisetum purpureum*	12	5	0	4	9	4	34
		13.6%	9.8%	7.3%	7.3%	23.7%	8.5%	**10.7%**
Avocad o	*Persea americana*	5	5	5	6	5	1	27
		5.7%	9.8%	10.9%	10.9%	13.2%	2.1%	**8.5%**
Total		88	51	40	47	55	38	319
		100.0%	**100.0%**	**100.0%**	**100.0%**	**100.0%**	**100.0%**	**100.0 %**

Os ninhos foram construídos em qualquer árvore de altura moderada (9-20 m), as percentagens de plantas das quais o tecelão extraiu materiais para a construção dos ninhos foram: palma (17,2%), coco (2,6%), milho (26,0%), plátanos (15,3%), capim-elefante (15,8%) e pera (2,6%), tabela 3.

Quadro 3: Espécies de plantas utilizadas pelas aves tecelãs para nidificar na zona agrícola de Ekona

Plant	Sc. name	Frequency	Percentage(%)	Used as Nest materials
Moringa	*Moringa oleifera*	4	0.7%	-
Oil palm	*Elaeis guineensis*	99	17.2%	√
Coco nuts	*Cocos nucifera*	15	2.6%	√
Mango	*Mangifera indica*	77	3.6%	-
Plantains	*Musa paradisiaca* *Musa sapientum*	88	15.3%	√
Plum tree	*Pygeum africanum*	8	1.4%	-
Maize	*Zea mays*	150	26.0%	√
Elephant grass	*Pennisetum purpureum*	91	15.8%	√
Sun flower	*Helianthus annuus*	23	4.0%	-
Pear	*Persea americana*	15	2.6%	√
Paw paw	*Carica papaya*	6	1.0%	-
Total		**576**	**100**	

[√] = plantas normalmente utilizadas como materiais de nidificação

Construção de ninhos e alterações climáticas

Observou-se que a construção de ninhos foi maior durante o tempo ensolarado do que durante o tempo chuvoso, e observou-se uma atividade de construção de ninhos muito baixa durante um tempo nublado, com percentagens de 54,57%, 42,86% e 2,7% para condições de tempo nublado (fig. 4).

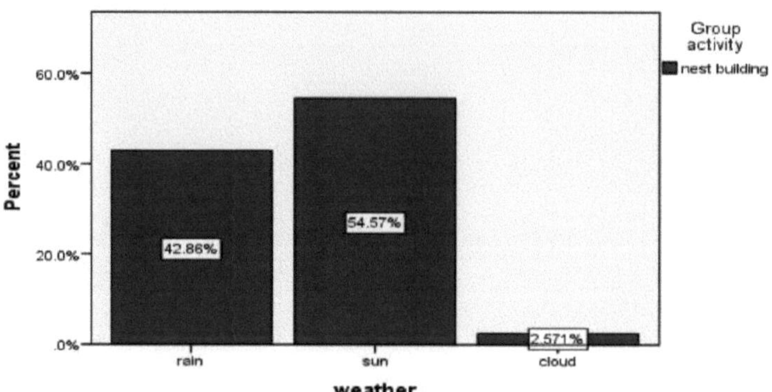

Figura 4: Construção de ninhos e condições meteorológicas

Relação entre a construção de ninhos e o tipo de planta

Observou-se que a construção de ninhos tem uma forte relação com algumas culturas, entre outras actividades realizadas pelas aves tecelãs (fig.4). Os ninhos foram mais observados em plantas de milho (n=165), palmeiras (n=114) e plátanos (n=94). Além disso, os resultados revelaram uma relação significativa entre a construção de ninhos e o tipo de planta (X^2 = 69,104), df= 28, P < 0,05)), tabela 4.

Quadro 4: Relação entre a construção de ninhos e o tipo de planta

Chi-Square Tests			
	Value	df	Asymp. Sig. (2-sided)
Pearson Chi-Square	69.104	28	.000
Likelihood Ratio	71.643	28	.000
Linear-by-Linear Association	4.604	1	.032
N of Valid Cases576			

Tabela 5: Relação entre a atividade das aves de arribação e a hora do dia

Chi-Square Tests			
	Value	df	Asymp. Sig. (2-sided)
Pearson Chi-Square	830.752	44	.000
Likelihood Ratio	703.484	44	.000
Linear-by-Linear Association	.016	1	.899
N of Valid Cases	576		

Da análise, concluiu-se que existia uma relação significativa (X^2 = 830,752, df =44 P= 0,000) entre a atividade e o fotoperíodo.

DISCUSSÃO

Em muitas espécies de aves, a compreensão dos factores que influenciam a ecologia da nidificação pode dar uma visão vital para determinar os meios de gerir a população. Outros elementos do ciclo de vida também podem ser tidos em conta, um dos quais é a sobrevivência dos adultos; no entanto, a construção de ninhos tem o maior efeito no recrutamento e é também o fator mais facilmente estudado e gerido. A compreensão das influências sobre a construção de ninhos é importante para fins de conservação e para prever como uma população de pássaro tecelão na área agrícola de Ekona pode ser afetada por uma perturbação. Em muitas espécies, tem-se observado que a construção de ninhos diminui após a época de reprodução. Esta redução do número de ninhos pode ter várias causas, incluindo uma diminuição da disponibilidade de alimentos para os ninhegos, um aumento da pressão de predação ou uma diminuição da qualidade do habitat. A reprodução o mais cedo possível parece ser o ideal, mas a fêmea reprodutora é limitada pela baixa disponibilidade de alimentos (Perrins 1965).

O arrancamento das folhas de espécies vegetais como a palmeira oleaginosa, o coqueiro, o milho e o plátano leva, a longo prazo, à danificação total das plantas, uma vez que estas ficam sem folhas para a produção dos alimentos necessários ao seu crescimento e sustento. A desfoliação leva, em primeiro lugar, à redução da capacidade de produção de frutos das árvores e, mais tarde, à morte das árvores (Funmilayo, 1973). A destruição de um ninho rejeitado implica a necessidade de materiais para a construção de outro no seu lugar. Isto é feito constantemente, uma vez que a fêmea tecelã rejeita um ninho, o que, por conseguinte, provoca mais danos às culturas no processo de aquisição de mais material para a construção de um novo ninho. No entanto, as estimativas das perdas físicas subestimam as verdadeiras perdas económicas, uma vez que não têm em conta os custos decorrentes dos ajustamentos da resposta da oferta que os agricultores fazem quando confrontados com pragas. Observou-se que as explorações mais próximas de árvores com copas e ramos extensos nas explorações Ekona foram mais atacadas devido à colonização destas árvores por pássaros tecelões. Na área de estudo, os agricultores identificaram os tecelões como uma das principais pragas do milho, dos plátanos e das palmeiras, pelo que aplicaram uma série de métodos tradicionais utilizados na gestão da ameaça das aves.

A vigilância, o afugentamento humano, que foi mais utilizado pelos agricultores, consumiu definitivamente o tempo da sua família, mas isso, no entanto, não foi provavelmente incluído na sua estimativa de custos das despesas de controlo, semelhante às conclusões de De Mey *et al.,* (2013), que explica que os impactos económicos directos, os danos causados às aves também têm consequências sociais substanciais. Por um lado, os agricultores que afugentam as aves no campo são socialmente separados da sua família durante muito tempo. Por outro lado, a caça tradicional às aves é frequentemente realizada por crianças que por vezes faltam à escola e, ao fazê-lo, comprometem os principais objectivos da educação, como a inscrição universal no ensino primário (De Mey *et al.,* 2012).

Normalmente, os tecelões utilizam apenas materiais frescos, verdes e flexíveis para tecer os seus ninhos. A casca exterior é tecida pelo macho, em longas tiras arrancadas das folhas de capim-elefante ou de palmeiras. Num dos locais de colónia na área de estudo, a casca do ninho foi tecida com tiras de folhas de palmeira e de milho, e forrada com folhas de mandioca (quadro 3). Quando acabado de fazer, o ninho tem cerca de 18 cm de comprimento e pesa 30g. A entrada do ninho está virada para baixo ou por vezes para o lado e tem cerca de 8 cm x 8 cm de largura *(Yisau et al 2014)*. Muitos ninhos são deixados incompletos, enquanto muitos dos ninhos concluídos são destruídos após algum tempo e novamente reconstruídos ou totalmente abandonados. O número de ninhos presentes na árvore da colónia num determinado momento reflecte a taxa de rotação entre ninhos construídos e ninhos destruídos. Ao fim de uma ou duas semanas, um macho destrói geralmente um ninho que tenha sido constantemente ignorado ou rejeitado pelas fêmeas inspectoras e constrói um novo modelo no seu lugar (Collias e Collias, 1964).

As características de construção dos ninhos das aves tecelãs são afectadas pelos aspectos sazonais e pelas condições meteorológicas (fig. 4), o que está de acordo com Rahayuninagsih *et al.,* (2007) que verificaram que as estruturas das comunidades de aves são afectadas por vários factores. Do mesmo modo, a diversidade e as alterações do habitat, as variações sazonais do clima e os recursos naturais afectaram a estrutura de construção das aves tecelãs na área de estudo. Assim, a maior construção de ninhos no habitat perturbado e menor no habitat não perturbado pode ser atribuída à diferença na estrutura da comunidade vegetal dos dois habitats que determinam a disponibilidade de alimentos, água e cobertura (Mengesha *et al.*, 2011).O habitat perturbado tinha diversas espécies de plantas cultivadas misturadas com a comunidade vegetal original remanescente. Esta pode ser a razão para a elevada riqueza de espécies de aves neste habitat (Mengesha *et al.,* 2011). Verificou-se um aumento das actividades de construção de ninhos durante a estação húmida em comparação com a estação seca no transecto 3 e no transecto 5, que tinham vegetação não perturbada, ao contrário do habitat perturbado (transecto 4, transecto 3, transecto 2 e transecto 1) que estavam localizados dentro das explorações agrícolas e assentamentos humanos, onde se verificou um aumento das actividades de nidificação na estação seca mais do que na estação chuvosa. Isto pode dever-se à variação sazonal da estrutura e dos tipos de comunidades vegetais que contribuíram para a disponibilidade de material de nidificação e para a presença de tecelões na área de estudo. Por outro lado, a alteração dos estratos arbustivo, arbóreo e de copa pode ter causado uma redução na disponibilidade total de recursos de nidificação para as aves tecelãs (Ukmar *et al.,* 2007). A presença de mais espécies de árvores preferidas para a nidificação neste estudo contribuiu para o elevado número da população de aves tecelãs nas explorações, em comparação com as conclusões de Inah, *et al.,* (1999) que observaram que a presença da população de aves poderia ser influenciada por uma elevada atividade agrícola que ocorre na área agrícola. A colonização observada de algumas palmeiras, mangueiras e coqueiros nos transectos 4 e 6 pode dever-se à sua localização dentro e perto de explorações agrícolas, o que confirma as conclusões de Lahti e Lahti (2002).

CONCLUSÃO

A elevada capacidade de sobrevivência das aves em muitas partes do mundo, mesmo em zonas com condições ambientais extremas, baseia-se na sua adaptabilidade, inteligência, visão e flexibilidade de voo. Para além disso, a ecologia alimentar das aves é muito diversificada e a sua estratégia de alimentação tem sobrevivido durante a escassez de alimentos através de longos voos resistentes de um local para outro e de continente para continente. No entanto, o aumento da população de aves tecelãs em certos países tem apresentado desafios com graves implicações financeiras para a agroindústria. E os mais gravemente afectados são os agricultores locais que, muitas vezes, não podem suportar o custo de impedir que estas pragas de aves visitem as suas explorações. O estudo da invasão das aves tecelãs e do sucesso da construção de ninhos na zona agrícola de Ekona revelou que a maioria dos ninhos era tecida e construída com folhas de bananeira, milho e palmeira, materiais colhidos nas mesmas explorações. Além disso, as actividades de construção de ninhos eram elevadas durante o tempo ensolarado e a estação seca. Os camponeses, cuja principal força de sobrevivência são as explorações agrícolas, são muitas vezes gravemente empobrecidos pelas más colheitas. Além disso, os caules de plátano e de palmeira que ancoram a maior parte dos ninhos e as actividades de construção dos ninhos murcham frequentemente, aumentando as possibilidades de cultivo não sustentável.

REFERÊNCIA

Aitken, K. E. H. e K. Martin. 2008. Plasticidade da seleção de recursos e respostas da comunidade à redução experimental de um recurso crítico. Ecologia 89: 971-980.

Bekele A, e Leirs H (1997). Population ecology of rodents of maize fields and grassland in central Ethopia (Ecologia populacional de roedores em campos de milho e pastagens no centro da Etiópia). Belg. J. of Zool. 127: 39-48.

Bryan , I. S; Joseph S. I, e Richard M. D. (1984). Relação entre a densidade e a diversidade das aves reprodutoras e as variáveis do habitat em zonas húmidas florestais. Wilson Bull 96 (l): 48-59.

Colin J.Bibby,Neil D.Burgess e David A.Hill.1993.Textbook of birds census technique. Academic Press Ltd., Londres.

Collias, N. E., & E. C. Collias (1964). Evolução da construção de ninhos. Nas aves tecelãs *Ploceidae)*. Univ. California Publ. Zool. 73: 52-60.

Cuong Le Quoc, Chien, HU, Han LU, Duc VH, Singleton GR (2002). Relação entre os danos causados por roedores e a perda de rendimento do arroz no Delta do Mekong. In: Rats, mice and people; Rodent Biology and Management (Grant R, Singleton, Lyn A. Hinds, Charles J. Kebs e Dave M.Spratt. Eds.) Centro Australiano para a Investigação Agrícola Internacional. Camberra: pp. 217-219.

De Mey Y, Demont M (2013). Danos causados por aves ao arroz em África: Evidências e controlo. In: Wopereis MC, (ed). Realizing Africa's rice promise. Centro Internacional para a Ciência Agrícola, Oxford. 2013;240-248.

Douthwaite, R.J. (1992a) Effects of DDT treatments applied for tsetse fly control on White-browed Sparrow-weaver *(Plocepasser mahali)* populations in north west Zimbabwe.Journal of African Ecology,30: 233244.

Elliott, C.C.H. (1989) The pest status of the quelea. In: Bruggers, R.L. e Elliott, C.C.H. (eds) *Quelea quelea: Africa's bird pest.* Oxford University Press, Oxford, pp. 17-34.

FAO (1991) Manuel de protection des cultures contre les dégâts d'oiseaux. Organização das Nações Unidas para a Alimentação e a Agricultura, Dakar, Senegal.

Funmilayo, O. (1973): O pássaro tecelão da aldeia e os aldeões: Uma praga protegida. Nigeria Field, 40 (4) 184-186.

Funmilayo, O. (1975): O pássaro tecelão da aldeia e os aldeões: Uma praga protegida. Nigeria Field, 40 (4) 184-186.

Funmilayo, O. & Akande, M.(1974) The ecology, economic impact and control of vertebrate pests of upland rice in the Western State of Nigeria. *Boletim de pesquisa n° 5, Inst. agric. Res. Training, Univ. Ife, Ibadan,* 41 pp.

George, T. L; Fowler, A. C; Knight, R. L. e McEwen, L. C. (1992). Impactos de uma seca severa   em aves de pastagem no oeste de Dakota do Norte. Ecological Applications 2:275-284.

Gibbons P. e D. Lindenmayer (2002). Tree hollows and wildlife conservation in Australia. CSIRO Publishing, Collingwood, Austrália.

Humphrey, Q.P.C. (2004). O impacto das alterações climáticas nas aves. Ibis 146 (1): 48-56.

Inah, E. I., Onadeko, S. A. e Umoh, G. O. (1999): Roosting sites and abundance of Village weaver birds in Abeokuta and environs. Jornal de Ecologia da Nigéria 1:21-26

Johnson D (2007) Estimating nest success: A guide to the methods. Estudos em Biologia Aviária

34:65-72.

Lahti D. C. (2003): Um estudo de caso de avaliação de espécies em biologia de invasão: O tecelão-da-vila *Ploceus cucullatus*. Animal Biodiversity and Conservation 26 (1): 1-11

Lahti, D.C. e Lahti, A. R. (2002): The village weaver bird. A common bird of uncommonly great concern: In Daily Observer: 11. Banjul, Gâmbia

Lahti, D.C. Lahti, A. R. e Dampha, M., (2002): Nesting associations of the village weaver (*Ploceus cucullatus*) with other animal species in the Gambia. Ostrich, 73:59-60

Mac Nally, R. e C. A. R. Time well. 2005. A disponibilidade de recursos controla a composição do conjunto de aves através da agressão interespecífica. Auk 122: 1097-1111.

Mcwilliam, A.N. (1994) Noturnal animals. pp. 103-133. In:DDT in the Tropics: The

Impact on Wildlife in Zimbabwe of Ground-spraying for Tsetse Fly Control. Douthwaite, R.J. e Tingle, C.C.D. (eds). Chatham, Reino Unido: Natural Resources Institute.

Mengesha .G, Mamo .Y e Bekele .A, (2011). Uma comparação da estrutura da comunidade de aves terrestres nas áreas não perturbadas e perturbadas do parque nacional dos lagos Abijata Shalla, Etiópia. Revista Internacional de Biodiversidade e Conservação Vol. 3(9), pp. 389-404

Mosher, J. A., e C. M. White. 1976. Exposição direcional de ninhos de águia-real. Can. Field-Nat. 90:356-359. Olendorff, R.R. 1973.

Mwanjabe PS, Sirima FB, Lusingu J (2002). Perdas de culturas devido a surtos de *Mastomys natalensis* (Smith, 1834), Muridae, Rodenttia, na região de Lindi, na Tanzânia. Int. Bio-deterioração e Biodegradação 49:133137.

Ndam L.M, Enang J.E, Mih A.M e Egbe A.E, (2014). Diversidade de ervas daninhas em campos de milho *(Zea mays* L.) no sudoeste dos Camarões. *ISSN: 2319-7706* Volume 3 Número 11 (2014) pp. 173-180

Nkede S.N, (2013). Produção de banana-da-terra e empoderamento dos jovens em Ekona (Subdivisão de Muyuka) da Região Sudoeste dos Camarões. Dissertação apresentada em cumprimento parcial do requisito para a obtenção do título de Conselheiro Sénior para a Juventude e a Ação.

Olakojo, S. A. e J. E. Iken (2001). Desempenho e estabilidade do rendimento de algumas variedades melhoradas de milho. Moor J. Agric. Res. 2: 21-24.

Oschadleus HD 2000. Desfolhamento em pássaros tecelões africanos. Bird Numbers 9(2): 28-30

Oschadleus, H.D. (2001) *Bibliography of the African Quelea Species,* 1st edn. Unidade de Demografia Aviária, Universidade da Cidade do Cabo, Cidade do Cabo, África do Sul.

Perrins, C. 1965. Population fluctuations and clutch-size in the Great tit (Parus major). J. Anim. Ecol. 34: 601-647.

Rahayuninagsih M, Mardiastuti A, Prasetyo, L, Mulyani Y (2007). Comunidade de aves em Burungisland, Parque Nacional de Karimunjawa, Java Central. Biodiversv., 8: 183-187.

Robinson, W.D; Brawn, J.D e Robinson, S.K. (2000). Forest bird community structure in central Panamá: influence of spatial scale and biogeography. Ecological Monographs 70: 209-235

Serle, W. Morel, G. J., e Hartwig, W. (1990): A Field Guide to the Birds of West Africa. William Collins Sons and Co Limited

Stevenson, T e Fanshawe, J. (2002). Field Guide to the Birds of East Africa: Kenya, Tanzania, Uganda, Rwanda and Burundi. T e A D Poyser Ltd, Londres. 1- 286 pp.

Tarboton W 2001. A guide to the nests and eggs of southern African birds (Guia de ninhos e ovos de aves da África Austral). Struik, Cidade do Cabo

Terborgh, J; Robinson, S.K; Parker III, T.A; Munn, C.A. e Pierpont, N. (1990). Estrutura e organização de uma comunidade de aves da floresta amazónica. Ecological Monographs 60: 213-238.

Ukmar E, Battisti C, Luislli L, Bolongna MA (2007). O efeito do fogo nas comunidades e espécies de aves nidificantes em pinheiros arbustivos e de controlo no centro de Itália. Biodivers. Conserv., 10: 1007-1021.

WALSH, F . 1969. Tecelões de aldeia que causam danos graves ao milho. Nigerian Ornithol. Bull. 6: 106-107.

Whittington-Jones C.A, (1997). Apparent range expansion of the red billed quelea *Quelea quelea* in the Eastern Cape Province of South Africa. Ostrich 68: 97-103.

Wortman,S. 1980.World food and nutrition: the scientific and technological base Science 209:157 -163. 312

Yisau, S.A, Onadeko, O.A, Jayeola, O.F, Smith, I.O e Osunsina O. (2014).Avaliação da densidade populacional e da disparidade dos tecelões da aldeia *(Ploceus cucullatus)* ao longo de três eixos rodoviários seleccionados no Estado de Ogun, Nigéria. JASEM ISSN 1119-8362. Vol. 18 (3) 397-401

Printed by Books on Demand GmbH, Norderstedt / Germany